MICROCOMPUTER PRINCIPLE AND CONT
EXPERIMENTAL TUTORIAL

微机原理及控制技术
实验教程

王 伟 何 杰 主编

江苏大学出版社
JIANGSU UNIVERSITY PRESS
镇 江

图书在版编目(CIP)数据

微机原理及控制技术实验教程 / 王伟，何杰主编
. — 镇江 ：江苏大学出版社，2018.1
ISBN 978-7-5684-0704-5

Ⅰ. ①微… Ⅱ. ①王… ②何… Ⅲ. ①微型计算机—理论—教材 ②微型计算机—计算机控制—实验—教材
Ⅳ. ①TP36

中国版本图书馆 CIP 数据核字(2017)第 324322 号

微机原理及控制技术实验教程
Weiji Yuanli Ji Kongzhi Jishu Shiyan Jiaocheng

主　　编/王　伟　何　杰
责任编辑/吕亚楠　吴昌兴
出版发行/江苏大学出版社
地　　址/江苏省镇江市梦溪园巷 30 号(邮编：212003)
电　　话/0511-84446464(传真)
网　　址/http://press.ujs.edu.cn
排　　版/镇江华翔票证印务有限公司
印　　刷/虎彩印艺股份有限公司
开　　本/718 mm×1 000mm　1/16
印　　张/9.5
字　　数/182 千字
版　　次/2018 年 1 月第 1 版　2018 年 1 月第 1 次印刷
书　　号/ISBN 978-7-5684-0704-5
定　　价/26.00 元

如有印装质量问题请与本社营销部联系(电话：0511-84440882)

前　言

微机原理及控制技术是高等学校电气信息类专业的一门计算机技术基础课，是学习和掌握计算机硬件基础知识、汇编语言程序设计及常用接口技术的主干课程。由于该课程是一门实践性、操作性很强的课程，需要一本内容全面、理论与实践紧密结合的教材与之配套。为了满足当前高等学校的教学需要，我们编写了本书。

本书共分为4章：第1章为SUN ES86PCIU+实验系统，重点介绍了系统的配置、系统的功能、系统各个功能模块及其电路结构；第2章介绍了星研集成环境软件的安装、使用及测试方法；第3章为微型计算机原理及接口技术实验指导，是本书的重点，涉及汇编语言程序设计、8259A中断、8255并行接口、8253定时/计数器、8251通信及8237DMA传输等；第4章为计算机控制技术实验指导，涉及A/D转换、D/A转换、直流电机调速、步进电机控制等相关内容。其中，第1章和第2章对微机原理及控制技术相关理论知识的补充及扩展。在教学中教师可根据具体专业需要选择相应的实验内容。

本书的主要特色如下：

(1) 采用切合实际的指导方法，注重实践操作和应用技巧，操作方法和步骤一目了然，实践操作具体，操作结果明确。

(2) 取材精选，只要根据书中内容由浅入深地进行操作和练习，就能快速掌握微机控制技术。

本书前3章由王伟编写，第4章由何杰编写。在编写过程中，编者在多年的教学经验和实践基础上，还参考了国内外的优秀教材和先进技术，力求做到深入浅出。在内容编排上，考虑了学生的认知规律，注重各知识环节的内在联系，循序渐进，突出重点。

由于编者水平有限，在编写过程中难免会有不足之处，敬请读者指正。

编　者

2017年12月

目录

Contents

第 1 章

SUN ES86PCIU+ 实验系统简介

第一节

【微机原理及控制技术实验教程】

认识实验系统

1. 系统配置

SUN ES86PCIU＋系统微机原理实验配置如下：

(1) 实验系统主机，EMU86 仿真模块，8086CPU，16 位数据总线；

(2) 实验系统主机，EMU386 仿真模块，80386EX CPU，内部 32 位数据总线，外部 16 位数据总线。

8086、80386EX 模块与微机之间采用 USB 通信，由微机 CPU 执行实验程序，涉及对实验系统操作的指令；微机通过 USB 高速接口将指令发送给 EMU86、EMU386 产生时序；读、写 RAM，I/O 接口将结果通过 USB 反馈给微机的 CPU。32 位数据总线 32 位指令，支持软中断指令。

SUN ES86PCIU＋实验系统全面支持 80×86 实模式和保护模式微机原理及接口技术的实验教学；提供有全开放的 80×86 系统扩展总线，如数据总线、地址总线、中断请求信号、HOLD/HLDA、读写控制信号、字节使能信号等；支持 8/16/32 位存贮器、I/O 实验，可以满足微机原理、微机接口的开放式实验教学；包含丰富的功能模块及 10 多种扩展模块，可供学生做课程设计、毕业设计时使用。

在 Windows XP/Vista/Windows 7 等操作系统下，使用 SUN ES86PCIU＋实验系统自主研发的星研集成环境软件，可编写、编译、连接、错误定位、调试、观察、修改实验系统上提供的 8/16/32 位 I/O、SRAM。星研集成环境软件还提供库文件或对应的软中断，如果学生上机时间有限，只需编写最主要的程序，其他库文件或软中断调用即可；此外，该软件还具有虚拟示波器、信号发生器、数字频率计等辅助功能，再配上自检模块，集成环境软件可对实验系统的所有模块自动检测，自检结果一目了然，维护方便。

2. 系统功能

1) 软件功能

系统采用自主版权的星研集成环境软件，该软件具有如下功能：

① 完全 Visual C++风格。集编辑器、项目管理、启动编译、连接、错误定位、下载、调试于一体，多种实验系统、仿真器、多类型 CPU 仿真全部集成在一个环境中，操作方法完全一样。不同种类的 CPU 模块间采用软件切换。

② 在 Windows XP/Vista/Windows 7 的保护模式下，可使用单步、宏单步、全速断点（断点数目没有限制）、全速运行等多种调试手段调试所有实验程序，特别是调试 32 位汇编程序；可任意查看、修改实验系统上 8/16/32 位 SRAM 中数据、接口芯片的内容。

③ 支持 ASM（汇编）、C、PLM 语言，多种语言、多模块混合调试；同时，支持 Keil 公司 C51、Franklin 公司 C51、Intel C96、Tasking C196、Borland 公司 TASM、Turbo C。

④ 支持 BIN、HEX、OMF、AUBROF 等文件格式，可以直接转载 ABS、OMF 文件。

⑤ 支持所有数据类型观察和修改。自动收集变量于变量窗（自动、局部、模块、全局），提供一个窗口显示当前实验程序对应的全局描述符表、页目录表、页表，方便教学（全局描述符表、页目录表、页表均由操作系统自动产生）；支持实验系统的监控在线更新。

⑥ 支持 USB、并口、串口通信及无需点击的感应式鼠标提示功能。

⑦ 提供模拟调试功能。编写程序，编译、连接，解决语法错误，初步调试。具有功能强大的项目管理功能，含有调试该项目有关的仿真器、所有相关文件、编译软件、编译连接控制项等所有的硬软件信息，下次打开该项目时无需设置即可调试。

⑧ 支持符合编程语言语法的彩色文本显示，所有窗口的字体、大小、颜色可以随意设置；支持拖、拉功能（源程序中快速移动、变量名拖至观察窗等）。

2）硬件功能

（1）实验主板组成。

① 显示部分。

a. 液晶：1602C 字符型液晶；12864 图形点阵液晶（标配）；带汉字库的 12864 图形点阵液晶；带触摸屏的 12864 液晶。

b. 16×16 LED 点阵显示模块。

c. 8 位数码管。

d. 16 个发光二极管（红、绿、黄色）。

② 总线部分。

自定义 8 位、16 位总线：32 K×8 位×2 片 SRAM；简单 I/O（2 片 74HC273、2

片 74HC244)。

③ 输入/输出部分。

包括:4×4 键盘;8 个独立按键;8 个拨动开关;单脉冲;继电器控制;可调电压;触摸屏(选配)。

④ 接口部分。

包括:74HC138 译码;8255、打印口;8253/8254 可编程定时器/计数器;8251 串行通信接口;8250/16C550 串行通信接口;8259 可编程中断控制器(可扩展级联);8237DMA 控制器

⑤ AD 和 DA 转换。

a. 并行 AD:ADC0809。

b. 并行 DA:DAC0832。

⑥ 检测部分。

包括:压力传感器或光敏电阻电路;光电开关电机测速;霍尔器件电机测速(选配);18B20 测量控制温度(闭环)。

⑦ 语音部分。

包括:录音、放音模块 ISD1420;自带话筒、喇叭;蜂鸣器。

⑧ 控制对象。

包括:直流电机控制(闭环);步进电机控制(4 相);控温模块。

⑨ 通信部分。

包括:RS232 和 RS485 接口电路;红外通信实验。

⑩ 电源部分。

包括:5V/3A;+12V/0.4A;-12V/0.4A。

⑪ CPU。

8086:128K 仿真空间。

⑫ 存贮器。

串行 EEPROM 及看门狗 X5045(SPI)。

⑬ 其他。

PWM 脉宽调制输出接口;功率放大;逻辑笔;74HC4040 分频得到 8 种频率。

(2) 扩展模块。

实验主板右侧有 3 个万用扩展区(右上角是 CPU 扩展区),可根据客户需求定制部件。

可扩展模块:GPS 模块;GPRS 模块;超声波模块;电流传感器模块;F/V、V/F

模块;触模屏;USB1.1模块;USB 2.0模块;USB主控;CAN 2.0模块;10 M以太网模块;32位SRAM、32位I/O模块;数据采集模块等。

(3) 闭环控制。

① 旋转图形展现实验。

② 直流电机转速控制:使用霍尔器件、光电开关精确控制电机转速。

③ 数字式温度控制。

(4) 辅助功能。

① 虚拟示波器:数字存贮虚拟示波器,画面与示波器类似,有2个通道;触发极性分上升沿、下降沿;触发通道分A、B2个通道;触发电平可选;触发方式有自动触发、单次触发、正常触发;2个通道可随意选择垂直位置;10多种电压、时间分辨率选择;2个通道波形可加、减;能显示每个通道的平均电压、峰峰值、频率。操作类似于泰克示波器。

② 信号发生器:提供正弦波、方波、三角波。

③ 频率计:100 MHz数字频率计功能。

第二节

【微机原理及控制技术实验教程】

认识实验系统硬件电路

1. 电路外观布局

在编写程序前，应熟悉相应的硬件电路，如实验系统的各个功能模块、相应的结构。电路图如图 1.2.1 所示。

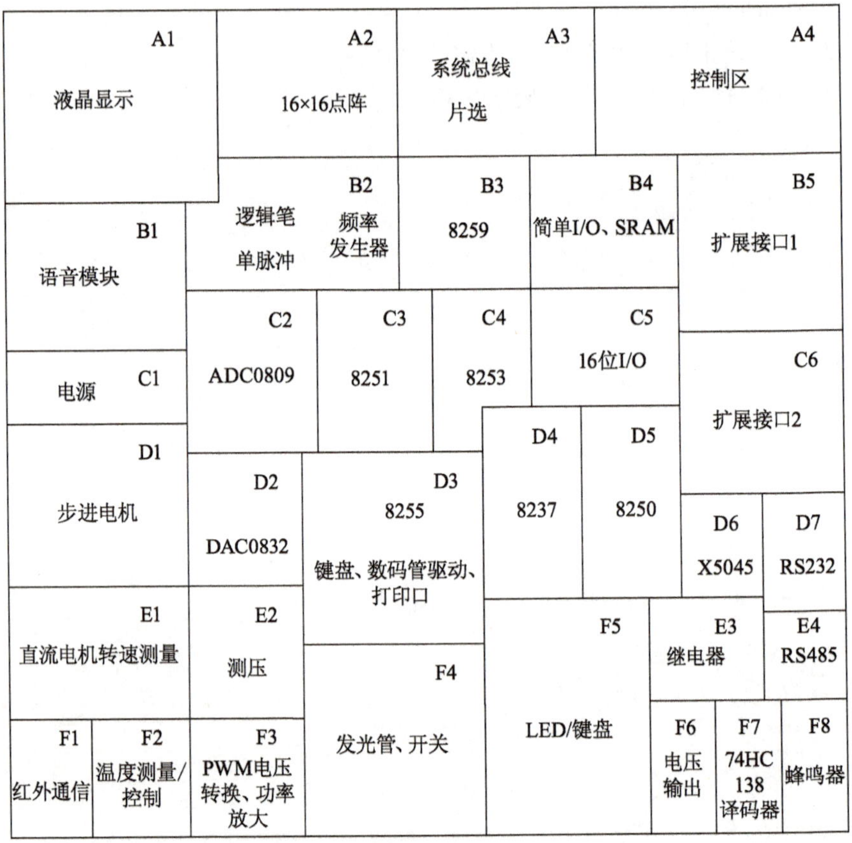

(a) 外观布局图

(b) 实物图

图 1.2.1 电路图

2. 各模块电路

(1) A1 区：12864 液晶显示模块电路如图 1.2.2 所示。

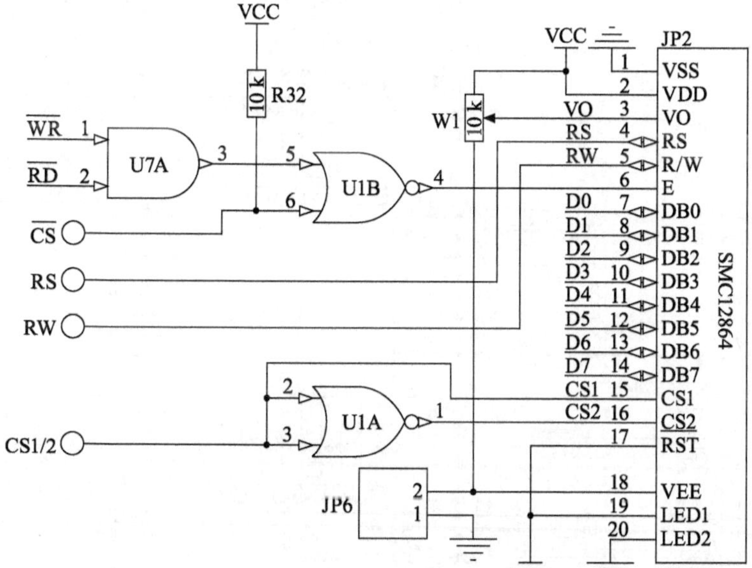

图 1.2.2 12864 液晶显示模块电路

其中，$\overline{CS}$：片选信号，低电平有效；CS1/2：左右半屏使能选择，高电平为左半屏，低电平为右半屏；RS：选择读写的是指令或数据，低电平为指令，高电平为数据；RW：读写控制端，低电平为写操作，高电平为读操作。

(2) A2 区:16×16 LED 实验电路如图 1.2.3 所示。

其中,JP14 和 JP15 组成 16 根行扫描线;JP21 和 JP22 组成 16 根列扫描线。

(3) A3 区:系统总线、片选区。

JP28:A0～A7 地址线;JP32:A8～A15 地址线;JP29:A0～A9 地址线;JP33:A8～A17 地址线;JP41、JP42:D0～D7 数据总线;JP39、JP40:D8～D15 数据总线;JP47、JP48:D16～D23 数据总线;JP45、JP46:D24～D31 数据总线。控制线:IOR、IOW、MEMR、MEMW、HOLD、HLDA、BLE、BHE、INTR、INTA;BK1、BK2:备用。

片选区:地址范围及说明见表 1.2.1。

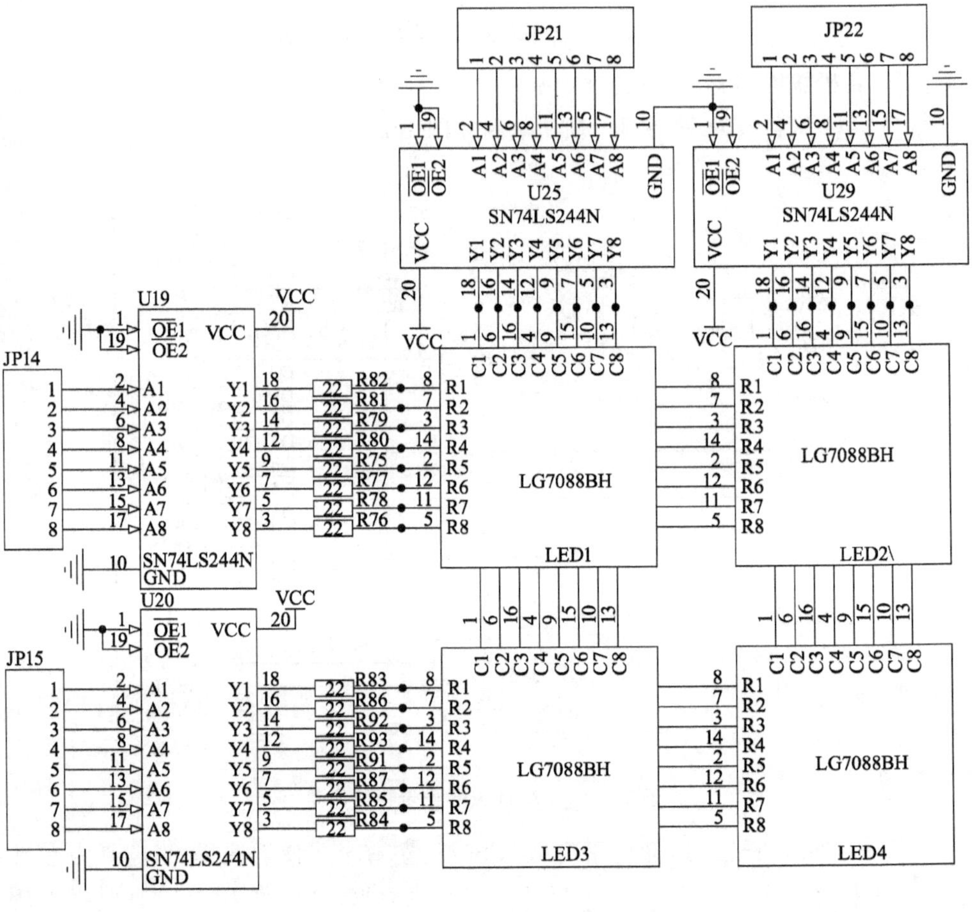

图 1.2.3 16×16 LED 实验电路

表 1.2.1 片选地址范围说明

片选	地址范围	说明
mcs0	80000H～BFFFFH	存贮器芯片的片选，16位数据总线
CS1	0270H～027FH	I/O芯片的片选，8位数据总线外设
CS2	0260H～026FH	
CS3	0250H～025FH	
CS4	0240H～024FH	
CS5	0230H～023FH	I/O芯片的片选，16位数据总线外设

(4) A4区：控制区。

实验系统上I/O片选，读写信号，8086与16位、8位总线外设的总线切换原理图分别如图1.2.4、图1.2.5、图1.2.6所示。

8086是16位总线的CPU，低8位数据出现在数据线AD0～AD7上，高8位数据出现在数据总线AD8～AD15上。8086与8位外设(例如：8255)相连时，如果把8086的AD0～AD7直接与8位外设的数据线D0～D7相连，8086读写外设，8086的最低位地址线A0(BLE)、BHE就不起作用，也就是浪费了一半的地址空间；如果访问8位外设，最低位地址线A0(BLE)为低电平时，8086的数据线D0～D7与外设数据线相通，BHE为低电平时，8086的数据线D8～D15与外设数据线相通，就可以使用连续的地址访问外设，不会浪费地址空间。微机内部就是采用这种方式访问8位外设的。表1.2.2为总线切换对应信号状态表。

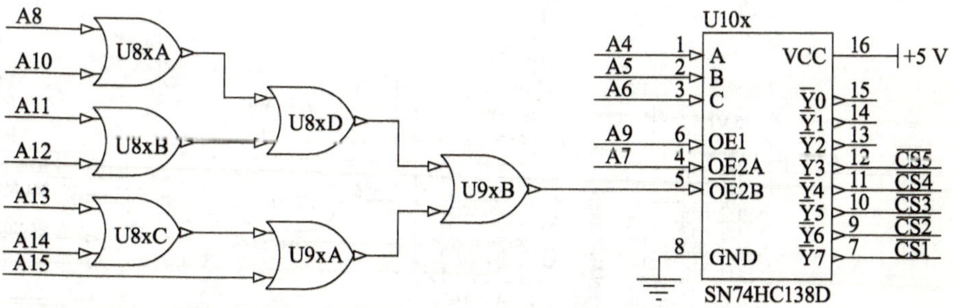

图 1.2.4 I/O片选

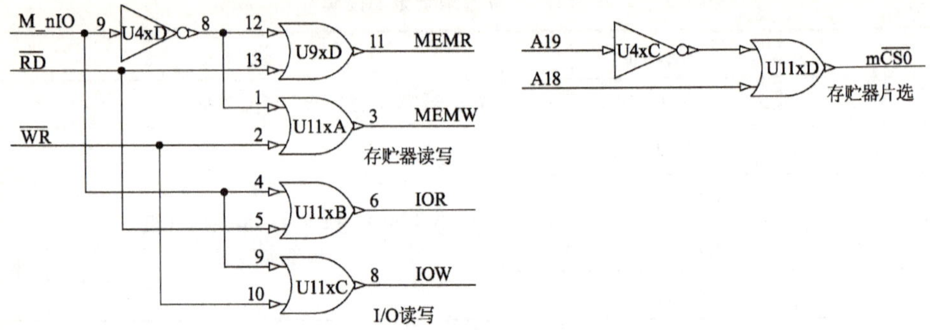

图 1.2.5 I/O 读写信号、存贮器片选

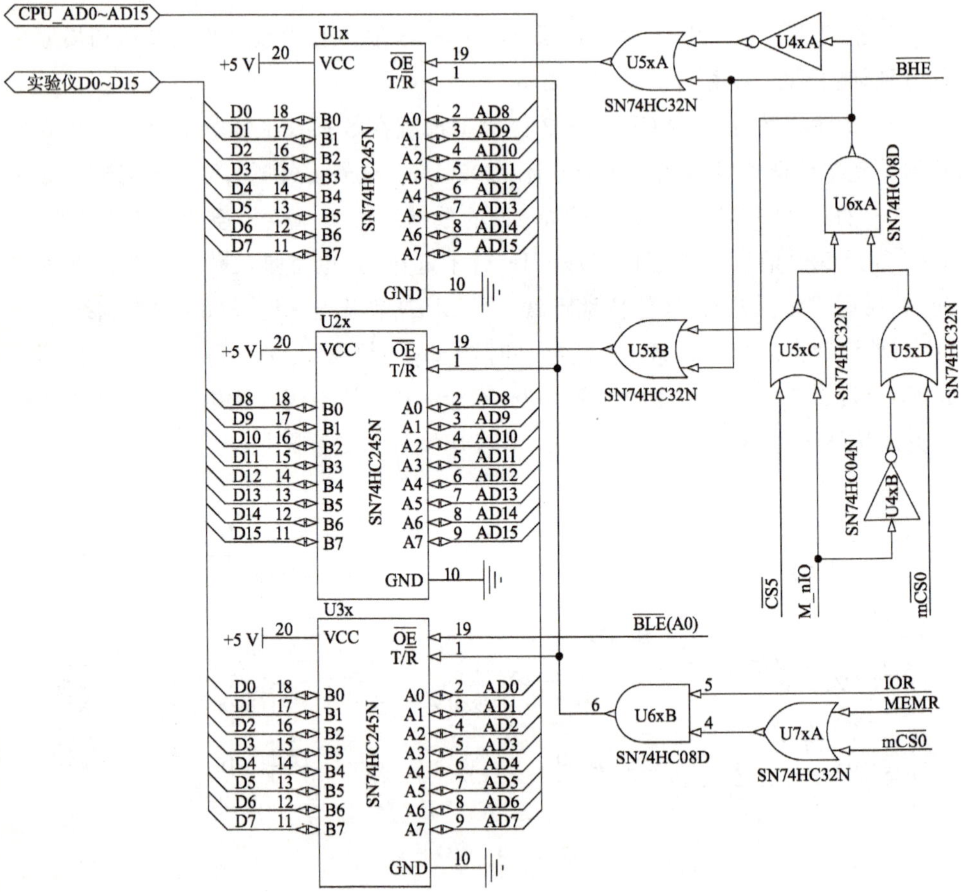

图 1.2.6 访问 8 位、16 位外设时采用的总线切换原理图

表 1.2.2 总线切换对应信号状态表

外设	读写	BLE(A0)	BHE	U1x	U2x	U3x	说明
16 位外设（存贮器片选 MCS0、16 位 I/O 片选 CS5）	读	0	0	×	√	√	D0～D15 → AD0～AD15
		0	1	×	×	√	D0～D7 → AD0～AD7
		1	0	×	√	×	D8～D15 → AD8～AD15
	写	0	0	×	√	√	D0～D15 ← AD0～AD15
		0	1	×	×	√	D0～D7 ← AD0～AD7
		1	0	×	√	×	D8～D15 ← AD8～AD15
8 位外设	读	0	1	×	×	√	D0～D7 → AD0～AD7
		1	0	√	×	×	D0～D7 → AD8～AD15
	写	0	1	×	×	√	D0～D7 ← AD0～AD7
		1	0	√	×	×	D0～D7 ← AD8～AD15

(5) B1 区：语音模块 ISD1420 电路原理图如图 1.2.7 所示。

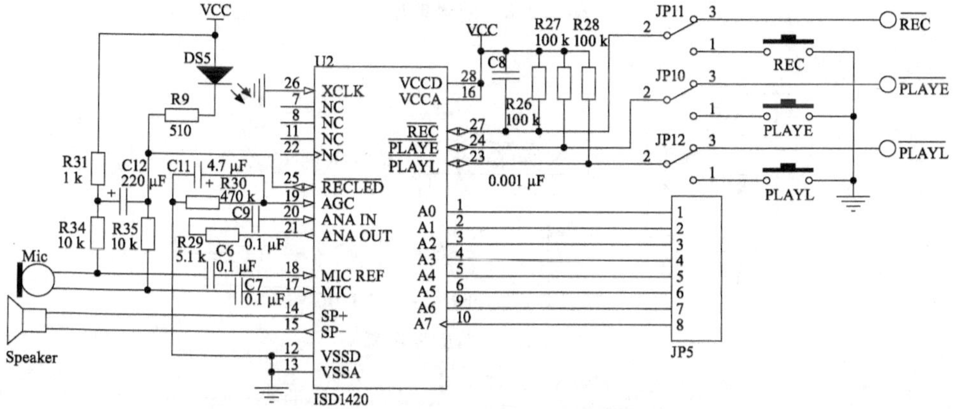

图 1.2.7 语音模块 ISD1420 电路原理图

JP10、JP11、JP12：设置操作模式；MCU：CPU 控制方式；MANUAL：手动(REC、PLAYL、PLAYE)控制方式；$\overline{\text{REC}}$：录音按键，低电平有效；$\overline{\text{PLAYE}}$：电平放音按键，低电平有效，直到放音内容结束停止放音；$\overline{\text{PLAYL}}$：边沿放音按键，下降沿有效，并在下一个上升沿停止放音；JP5：录、放音的起始地址。

(6) B2 区：包括逻辑笔、单脉冲、频率发生器电路。

逻辑笔电路如图 1.2.8 所示。逻辑笔：测试接口，输入测量信号；绿灯(DS10)：高电平点亮；红灯(DS11)：低电平点亮；绿灯、红灯同时亮：频率信号。

单脉冲电路如图 1.2.9 所示。S4：脉冲发生开关；正脉冲：上凸符号端口输出正脉冲；负脉冲：下凹符号端口输出负脉冲。

频率发生器电路如图 1.2.10 所示。4M：输出 4 MHz 频率信号；其他端口输出的信号频率与端口旁标识的数值一致。

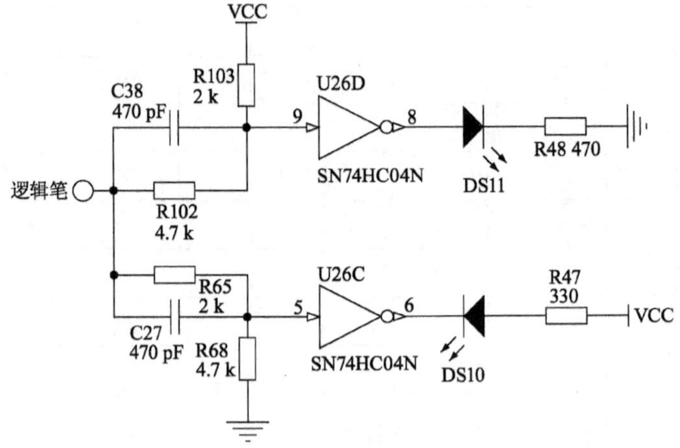

图 1.2.8 逻辑笔电路

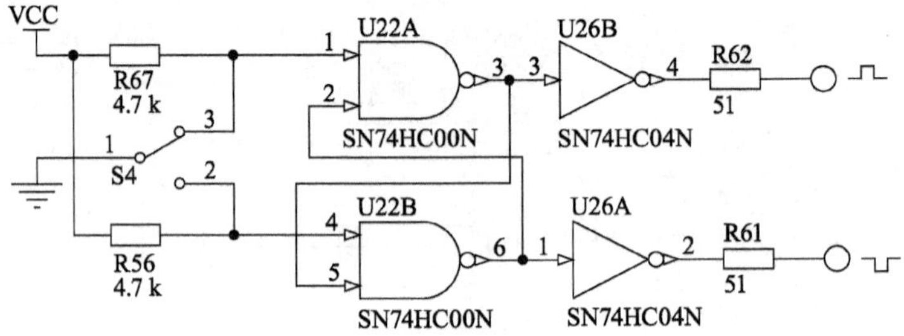

图 1.2.9 单脉冲电路

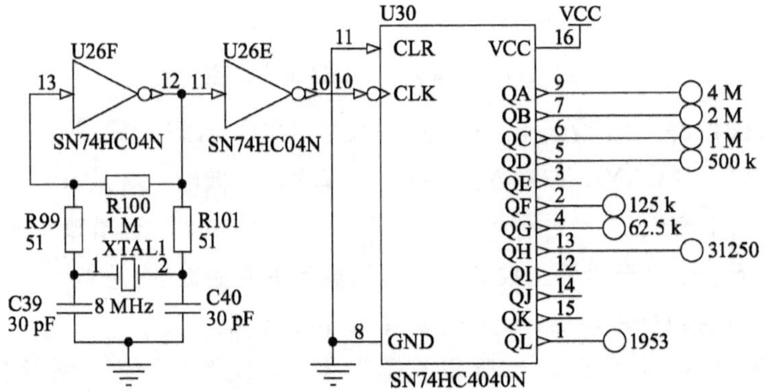

图 1.2.10 频率发生器电路

(7) B3 区:8259 电路如图 1.2.11 所示。

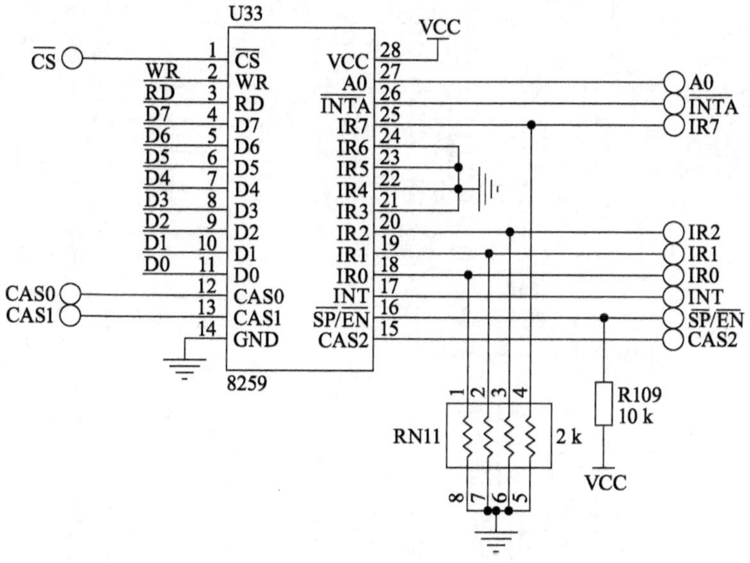

图 1.2.11 8259 电路

$\overline{CS}$:片选信号,低电平有效;A0:地址信号;INR0~INR7:中断输入;INTA:中断响应。

(8) B4 区:简单 I/O、SRAM 电路分别如图 1.2.12 和图 1.2.13 所示。

图 1.2.12 电路可做 8 位、16 位简单 I/O 实验。

CS244:74HC244 片选信号,低电平有效;BLE:低 8 位有效,允许访问 U40、U41;$\overline{RD}$:读信号,低电平有效,读 74HC244。

CS273:74HC273 片选信号,低电平有效;BHE:高 8 位有效,允许访问 U45,U46;$\overline{WR}$:写信号,低电平有效,写 74HC273。

$\overline{CS}$:片选信号,低电平有效;BLE:低 8 位有效,允许访问 U43;BHE:高 8 位有效,允许访问 U44;$\overline{RD}$:读信号,低电平有效;WR:写信号,低电平有效。

(9) B5、C6 区:扩展区,C1 区:电源区。

实验系统提供了两个扩展区,用来扩展 USB 1.1、USB 2.0、以太网、CAN 总线、非接触式 IC 卡、GPS、GPRS、双通道虚拟示波器、CPLD、FPGA 等扩展模块。如果扩展模块较大,可以同时使用两个扩展区。

C1 区为用户提供了+5 V/2 A、+12 V/400 mA、−12 V/400 mA 等几种电源接口。DS8:+5 V 指示灯;DS7:+12 V 指示灯;DS6:−12 V 指示灯。

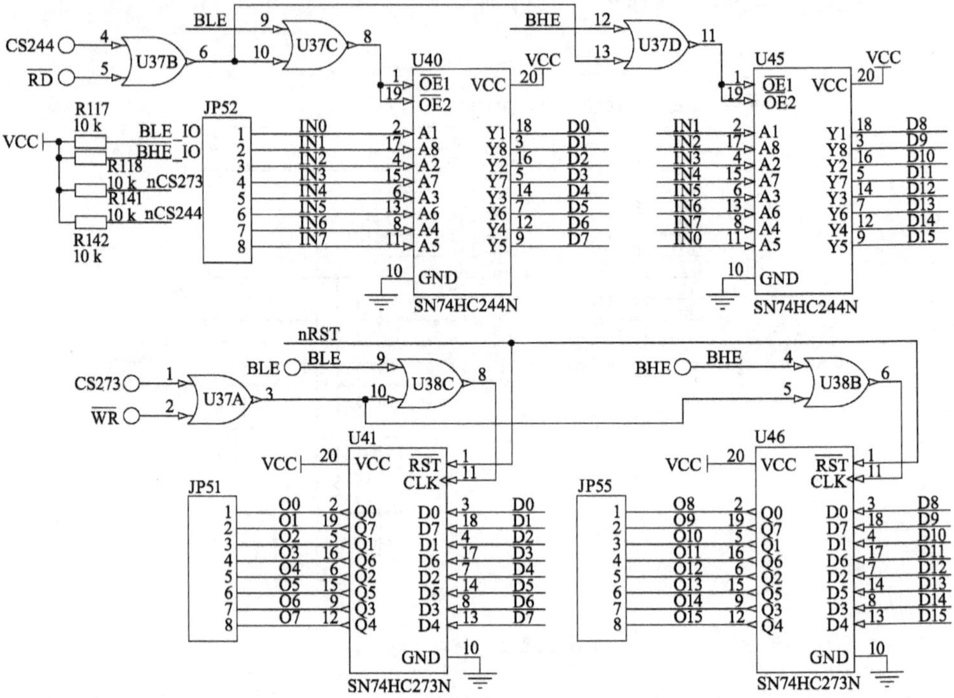

图 1.2.12　简单 I/O 电路

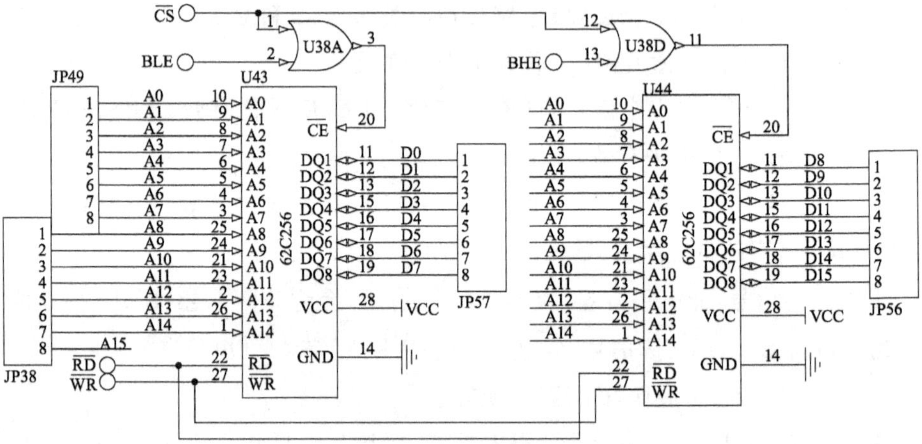

图 1.2.13　SRAM 电路

(10) C2 区:ADC0809 模数转换电路如图 1.2.14 所示。

$\overline{\text{CS}}$:片选,低电平有效;CLK:输入时钟(10～1 280)kHz;ADDA、ADDB、ADDC:通道地址输入口;EOC:转换结束标志,高电平有效;IN0、IN3、IN5、IN7:模

拟量输入。

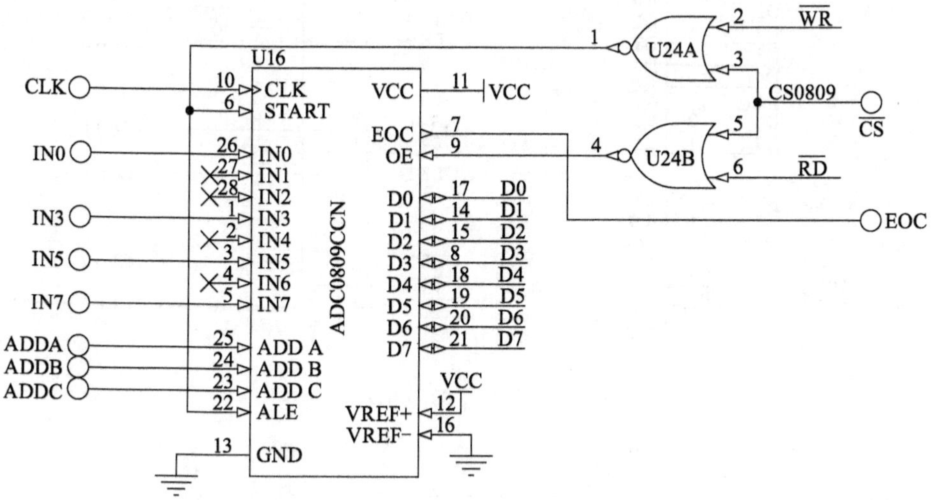

图 1.2.14 ADC0809 模数转换电路

(11) C3 区:8251 电路如图 1.2.15 所示。

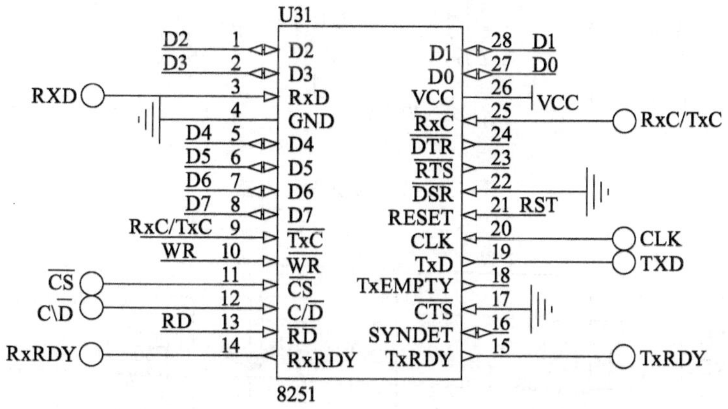

图 1.2.15 8251 电路

$\overline{CS}$:片选信号,低电平有效;RxC/TxC:收发时钟;$C\backslash\overline{D}$:命令/数据;RXD、TXD:串行收发;CLK:时钟信号。

(12) C4 区:8253 电路如图 1.2.16 所示。

$\overline{CS}$:片选信号,低电平有效;A0、A1:地址信号。

(13) D1 区:步进电机电路如图 1.2.17 所示。

(14) D2 区:DAC0832 数模转换如图 1.2.18 所示。

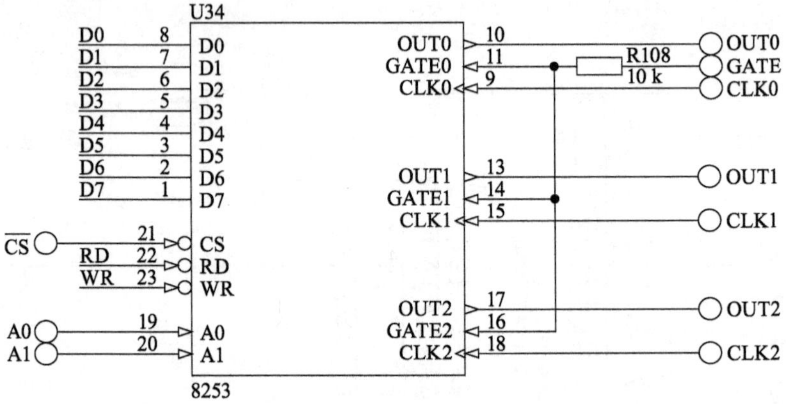

图 1.2.16 8253 电路

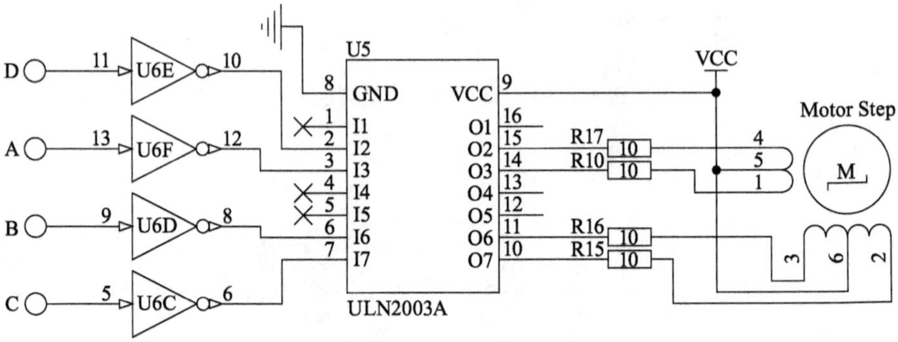

图 1.2.17 步进电机电路

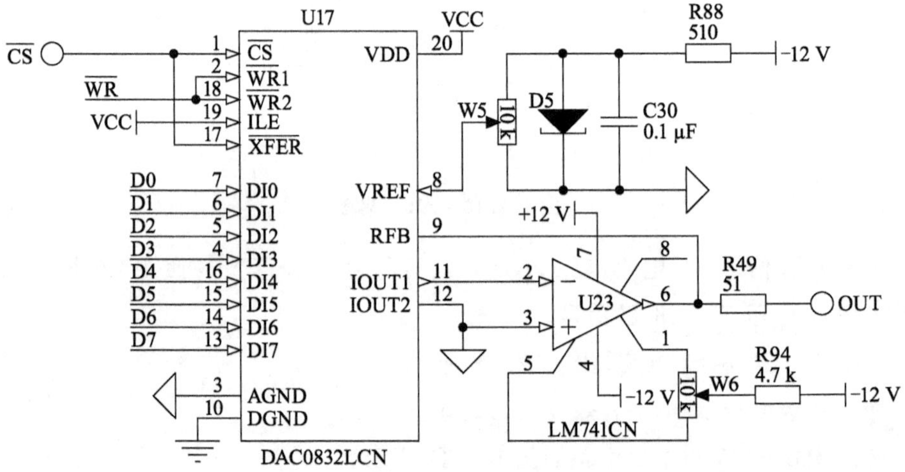

图 1.2.18 DAC0832 数模转换

$\overline{CS}$:片选信号,低电平有效;OUT:转换电压输出;电位器 W5:调整基准电压。

(15) D3 区:8255 电路、数码管驱动电路、打印口分别如图 1.2.19、图 1.2.20、图 1.2.21 所示。

$\overline{CS}$:片选信号,低电平有效;A0、A1 地址信号;JP24:PC 口(键盘行);JP20:PB 口(键盘列);JP23:PA 口;JP16:数码管段码;JP17:数码管段选;JP30:打印口。

(16) D4 区:8237 电路如图 1.2.22 所示。

$\overline{CS}$:片选信号,低电平有效;CLK:时钟信号,控制 8237 内部定时和 DMA 传输时的数据传送速率;DREQ0:DMA 请求信号;DACK0:DMA 响应信号;HOLD:总线请求信号,高电平有效;HLDA:总线响应信号,高电平有效;$\overline{IOR}$:I/O 设备读信号,低电平有效;IOW:I/O 设备写信号,低电平有效;MEMR:存贮器读信号,低电平有效;MEMW:存贮器写信号,低电平有效。

(17) D5 区:8250 电路如图 1.2.23 所示。

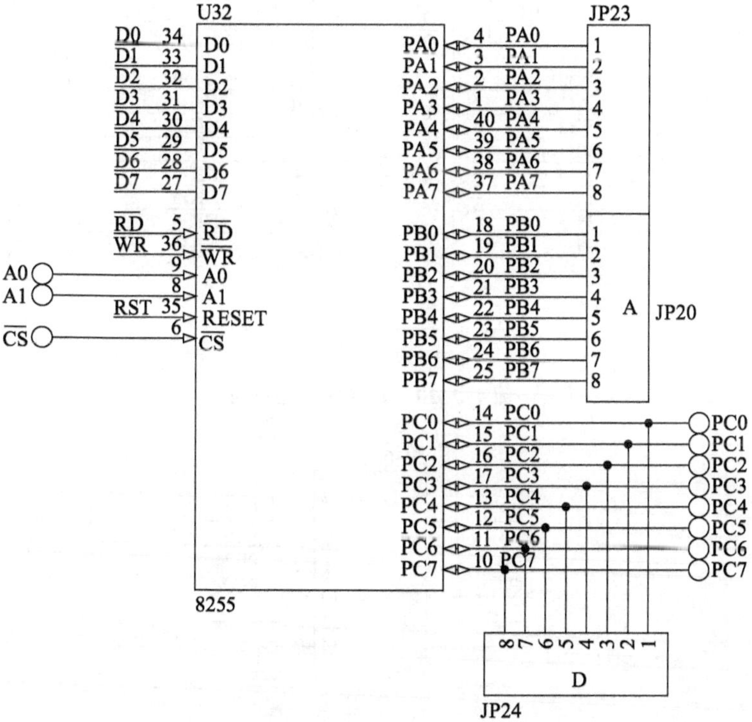

图 1.2.19 8255 电路

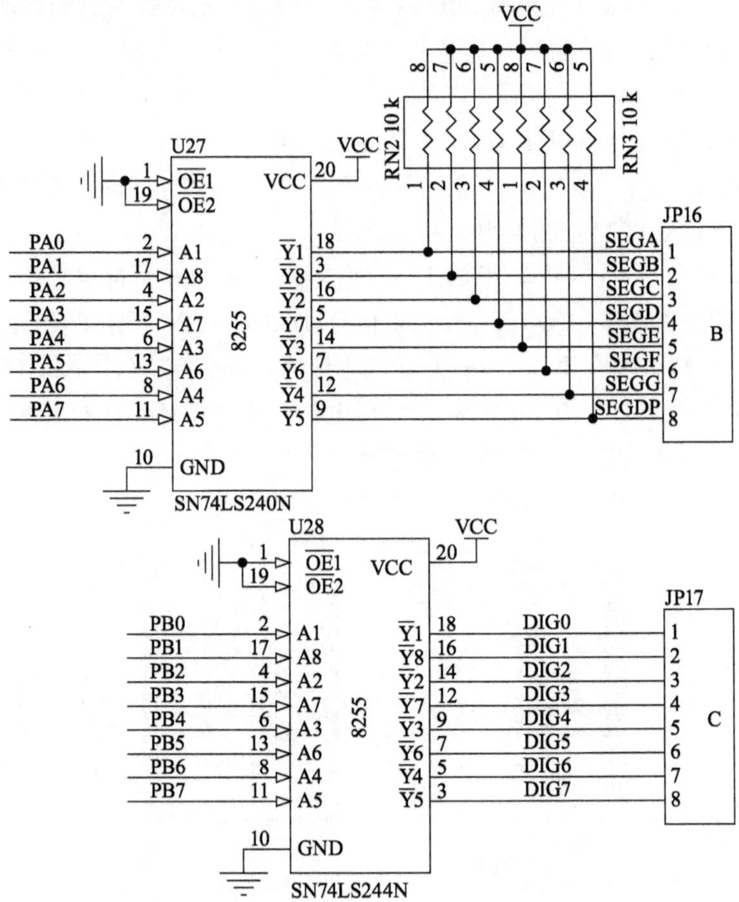

图 1.2.20　数码管驱动电路

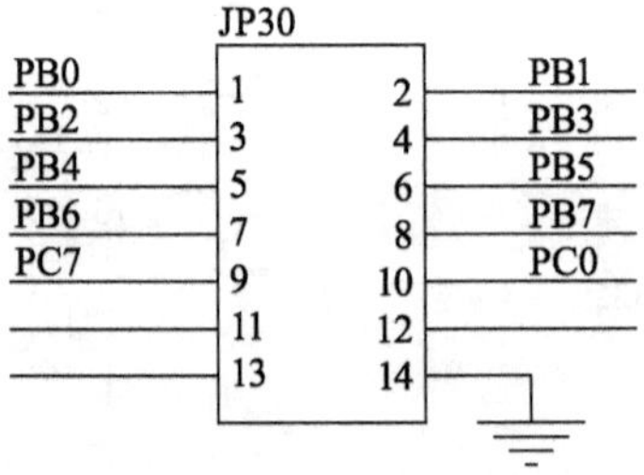

图 1.2.21　打印口

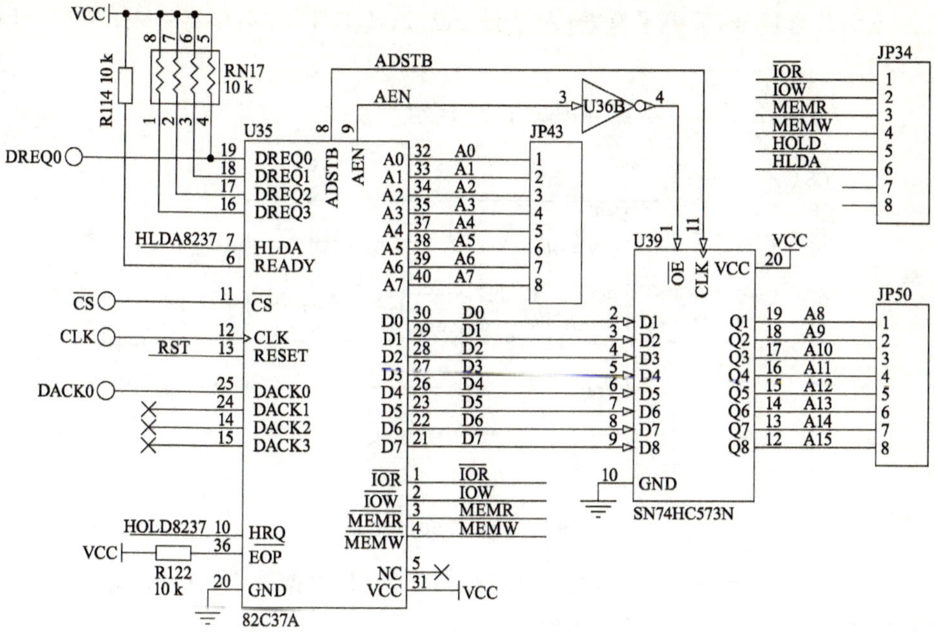

图 1.2.22 8237 电路

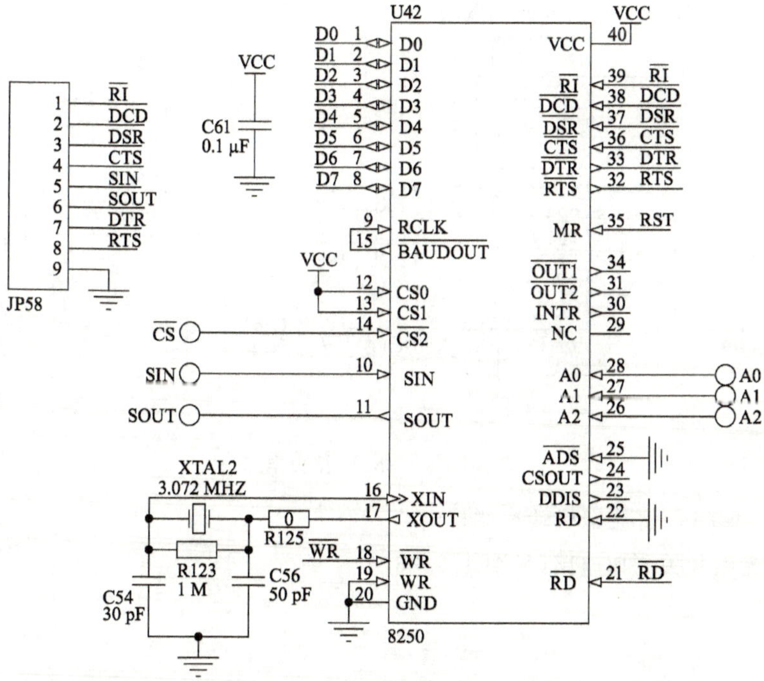

图 1.2.23 8250 电路

$\overline{CS}$:片选信号,低电平有效;A0、A1、A2:地址信号;SIN:串行输入;SOUT:串行输出。

(18) D6 区:X5045 电路如图 1.2.24 所示。

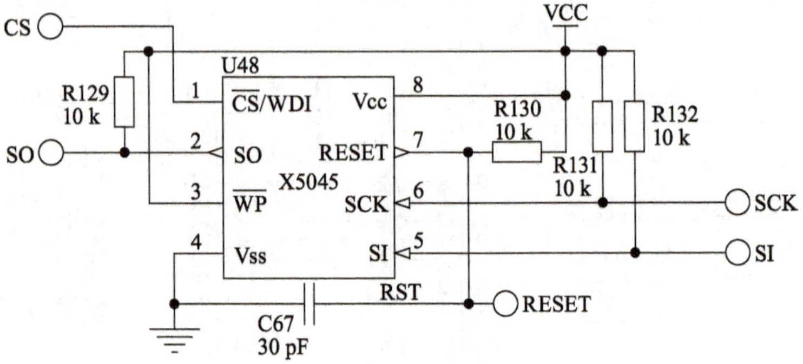

图 1.2.24 X5045 电路

$\overline{CS}$:片选信号,低电平有效;SCK:时钟信号;SI:数据输入;SO:数据输出;RESET:复位信号输出端,高电平有效。

(19) D7 区:RS232 接口电路如图 1.2.25 所示。

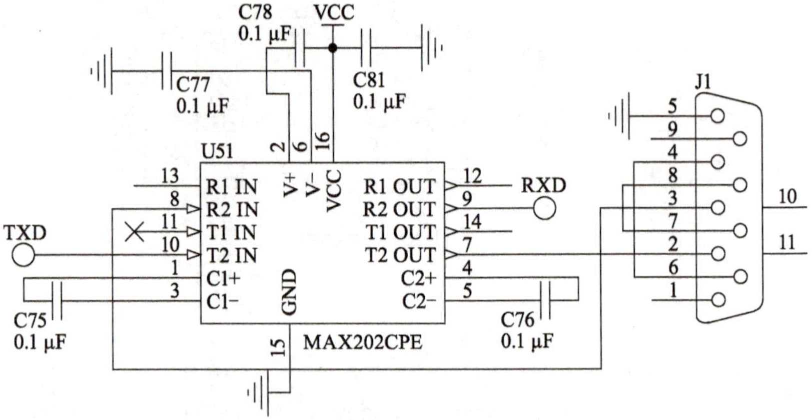

图 1.2.25 RS232 接口电路

(20) E1 区:直流电机转速测量电路。

① 光电开关测速电路(见图 1.2.26)。

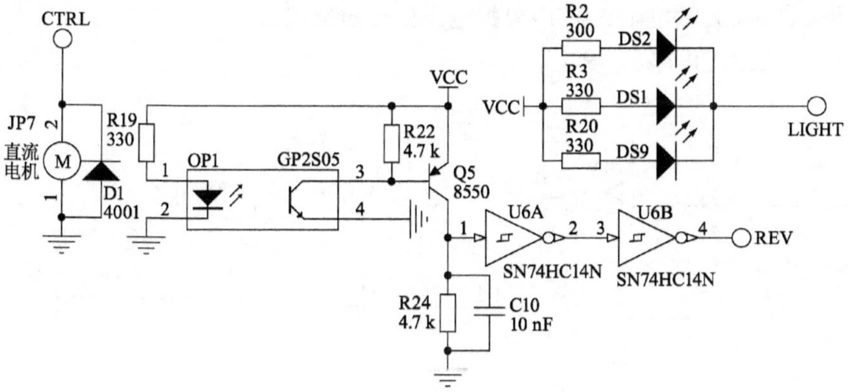

图 1.2.26　光电开关测速电路

② 霍尔器件测速电路(见图 1.2.27)。

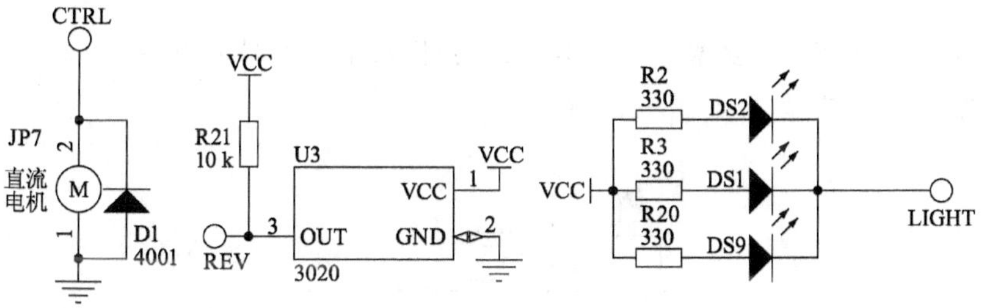

图 1.2.27　霍尔器件测速电路

CTRL:控制电压(DAC0832 经功率放大电路提供)输入;REV:光电开关或霍尔器件脉冲输出(用于转速测量);LIGHT:低电平点亮发光管。

(21) E2 区:测压电路。

① 光敏电阻测压电路(见图 1.2.28)。

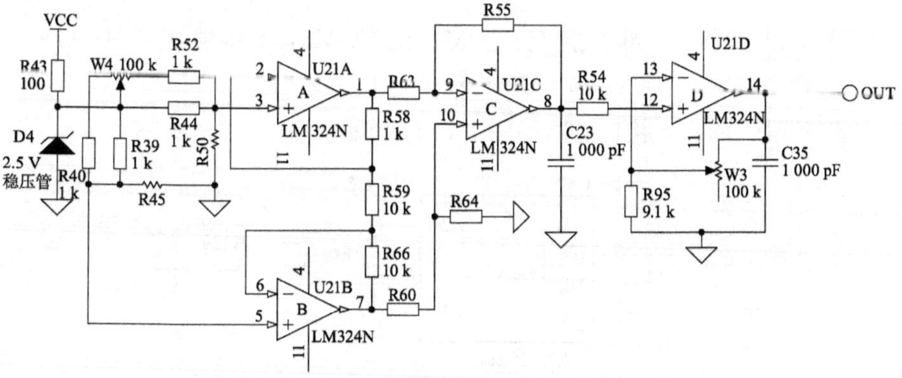

图 1.2.28　光敏电阻测压电路

R45、R50:光敏电阻;OUT:模拟电压信号输出端。

② 压力测压电路(见图 1.2.29)。

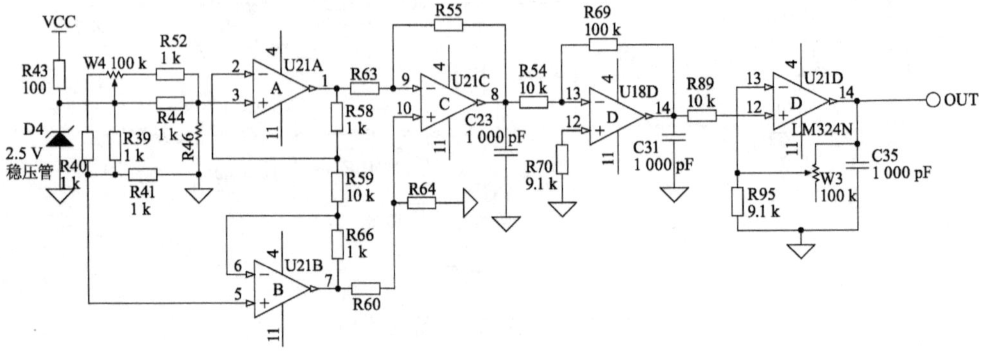

图 1.2.29 压力测压电路

R46:电阻应变片,阻值 1 kΩ;OUT:压力模拟电压信号输出端。

(22) E3 区:继电器如图 1.2.30 所示。

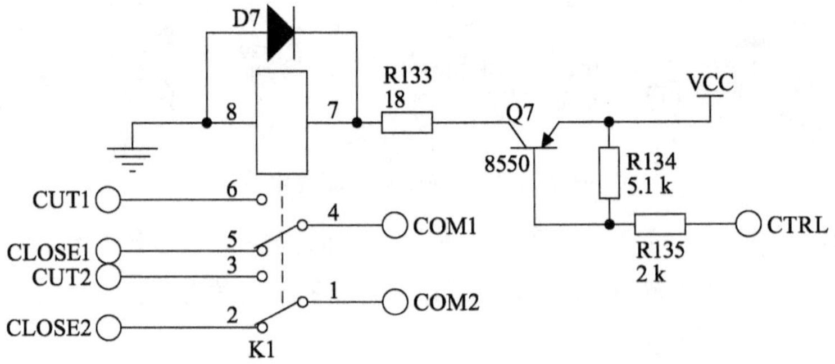

图 1.2.30 继电器控制

CTRL:继电器开、闭控制端;COM1 和 COM2:公共端 1、2;CLOSE1 和 CLOSE2:常闭端 1、2;CUT1 和 CUT2:常开端 1、2。

(23) E4 区:RS485 接口电路如图 1.2.31 所示。

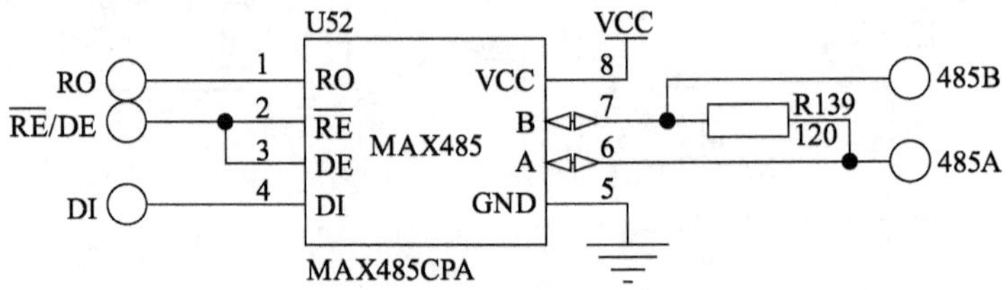

图 1.2.31 RS485 接口电路

RO:串行数据输出;DI:串行数据输入;$\overline{RE}$/DE:低电平允许接收数据、高电平允许发送数据;A、B:RS485 总线。

(24) F1 区:红外通信电路如图 1.2.32 所示。

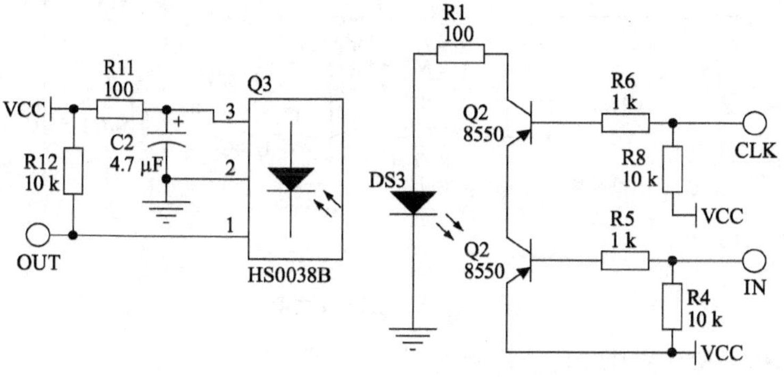

图 1.2.32　红外通信电路

IN:串行数据输入;OUT:串行数据输出;CLK:载波输入,可接 31250(B2 区)频率输出。

(25) F2 区:温度测量/控制电路如图 1.2.33 所示。

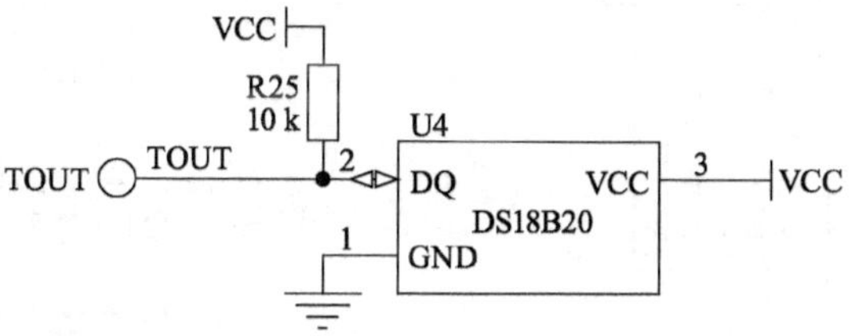

图 1.2.33　温度测量/控制电路

TOUT:数据线,信号输入/输出端。

(26) F3 区:PWM 电压转换、功率放大电路。

① PWM 电压转换电路(见图 1.2.34)。

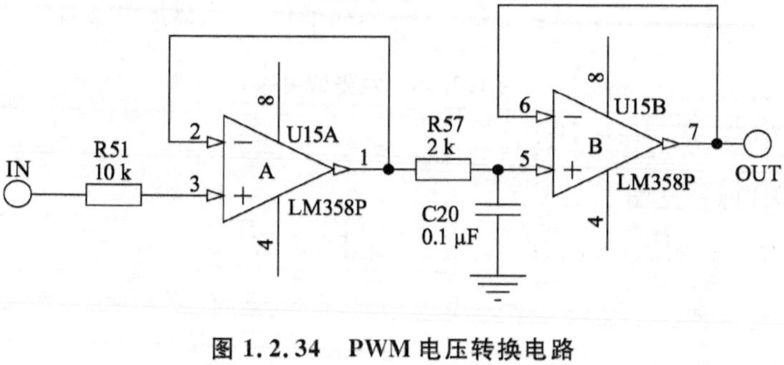

图 1.2.34　PWM 电压转换电路

IN：信号输入；OUT：PWM 转换电压输出。

② 功率放大电路(见图 1.2.35)。

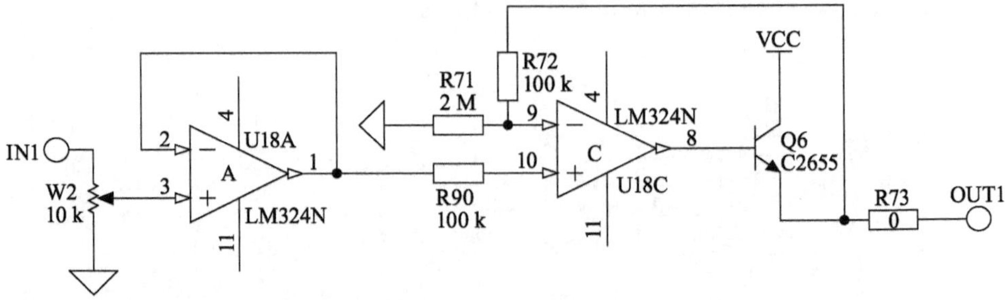

图 1.2.35　功率放大电路

IN1：信号输入；OUT1：信号输出。

(27) F4 区：发光管、开关电路。

① 发光管电路(见图 1.2.36)。

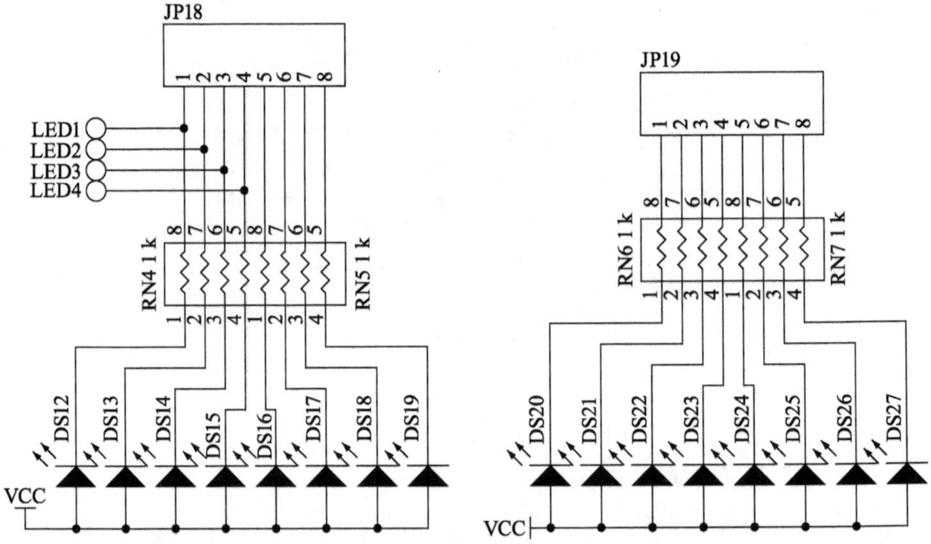

图 1.2.36　发光管电路

JP18、JP19：发光管控制接口，0—灯亮，1—灯灭。

② 开关电路(见图 1.2.37)。

JP27：开关控制接口；闭合—0 信号，断开—1 信号。

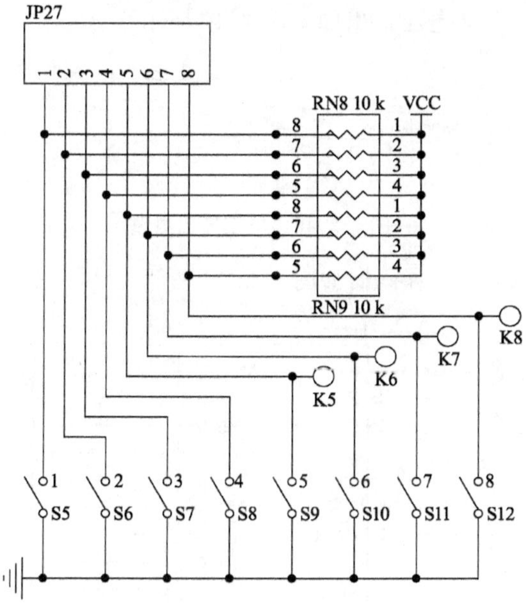

图 1.2.37 开关电路

(28) F5 区:LED 和键盘电路分别如图 1.2.38 和图 1.2.39 所示。

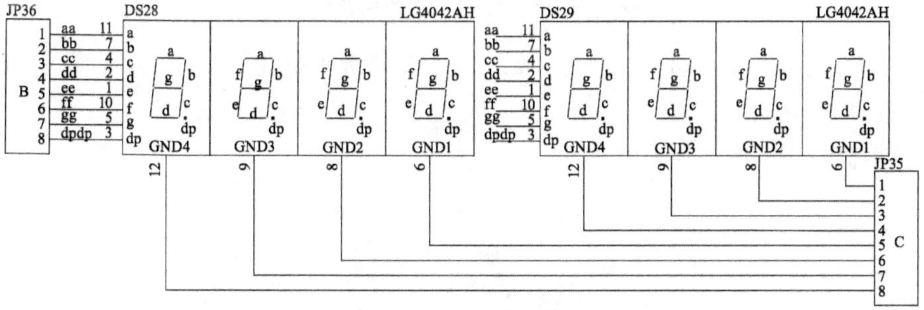

图 1.2.38 LED 电路

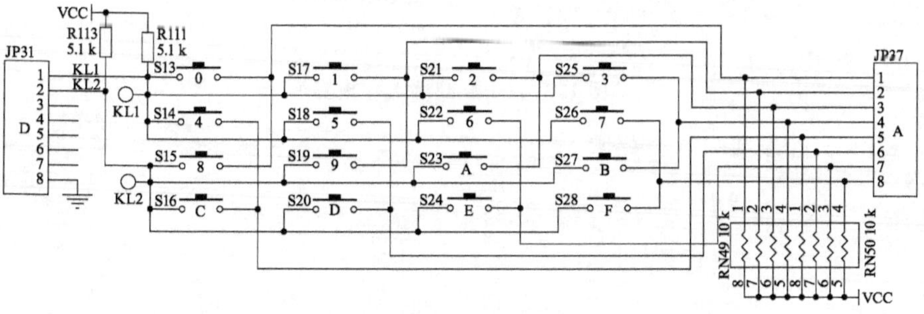

图 1.2.39 键盘电路

A:按键的列线;B:数码管段码;C:数码管选择脚;D:按键的行线。

(29) F6 区:0～5 V 电压输出如图 1.2.40 所示。

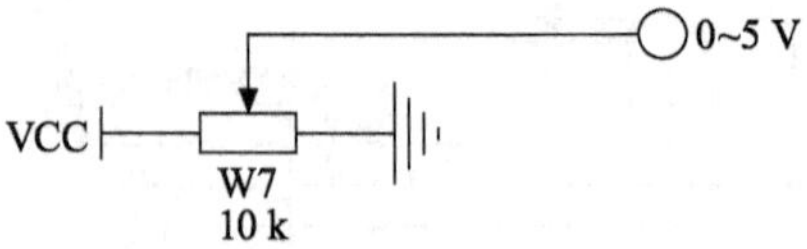

图 1.2.40　电压输出电路

(30) F7 区:74HC138 译码器如图 1.2.41 所示。

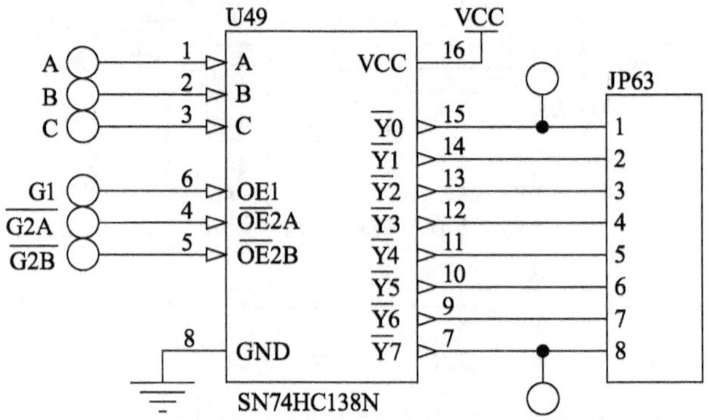

图 1.2.41　74HC138 译码器接口

A、B、C:3 位数据输入口;Y0～Y7: 8 位译码数据输出口;G1、$\overline{\text{G2A}}$,$\overline{\text{G2B}}$:译码控制口。

(31) F8 区:蜂鸣器如图 1.2.42 所示。

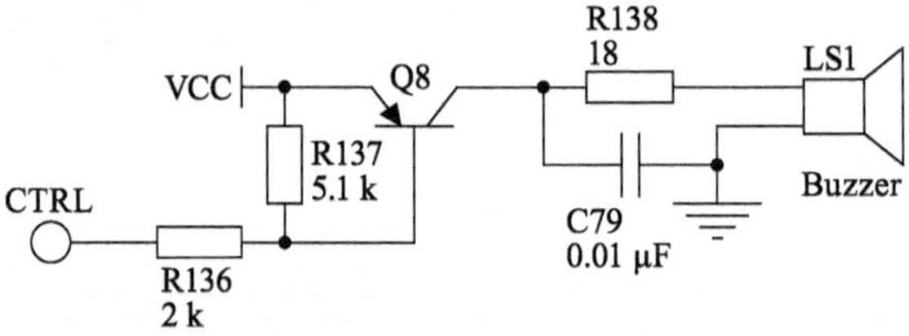

图 1.2.42　蜂鸣器工作电路

CTRL:控制接口,0—蜂鸣。

第 2 章

星研集成环境软件

第一节

【微机原理及控制技术实验教程】

软件安装

1. 用光盘安装软件

将仿真器、实验系统所配CD插入CD-ROM驱动器；选择“CD-ROM驱动器\星研\WIN32\星研”，然后运行“SETUP.EXE”文件即可进入安装界面；用户只需按程序提示一步步进行安装即可。

在安装过程中，如果用户没有指定安装目录，安装完成后会在C盘建立一个“C:\XINGYAN”目录(文件夹)存放可执行文件、DLL文件、寄存器文件等。

2. USB驱动程序的安装

通过USB(通用串口总线)接口将微机与仿真器、实验系统相连，然后打开仿真器、实验系统电源。仿真器、实验系统与微机的第一次连接引起驱动程序的安装很简单，按缺省的值选择即可。驱动程序的安装过程中，请勿执行其他应用程序。

3. 连接不上情况的解决

如果仿真器、实验系统与微机连接不上，可能是由于未按正确步骤连接造成的，解决步骤如下：

在仿真器或实验系统电源打开的情况下，打开控制面板中的“设备管理器”，可以看到一个未安装好的USB设备，如图2.1.1所示；在“通用串行总线控制器”选项下找到有“!”的USB设备，选中后单击鼠标右键，选择菜单中的“卸载”项卸载。然后，重新安装星研集成环境软件，关闭实验系统电源，稍等几秒钟，然后再打开电源，等待操作系统安装新的驱动程序结束后运行星研软件即可。

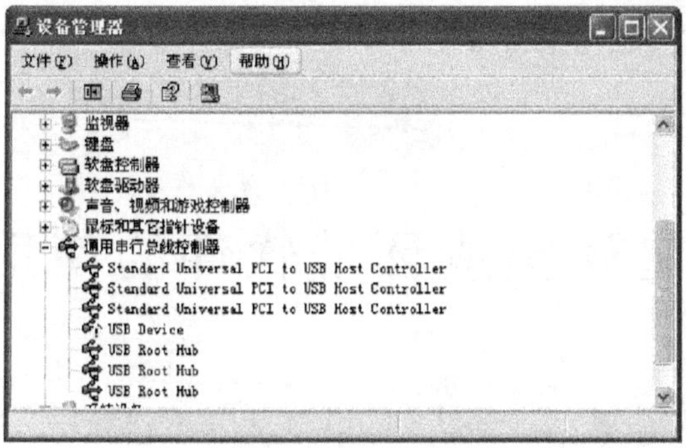

图 2.1.1 设备管理器

4. 设置工作环境

软件支持的编译器见表 2.1.1。

表 2.1.1 软件支持的编译器

MCS51	MCS96、MCS196	80×86
Keil A51、C51 Franklin A51、C51 Intel ASM51、PL/M51 Archimedes A8051、C51	Intel ASM96、PLM96、C96 Tasking ASM196、C196	TC、TASM

打开"主菜单"—"项目"—"设置工作环境"，如图 2.1.2 所示，使用的编译器是宏汇编 TASM 和 Turbo C，安装路径为"C:\XingYan\TASM"和"C:\XingYan\TC"。

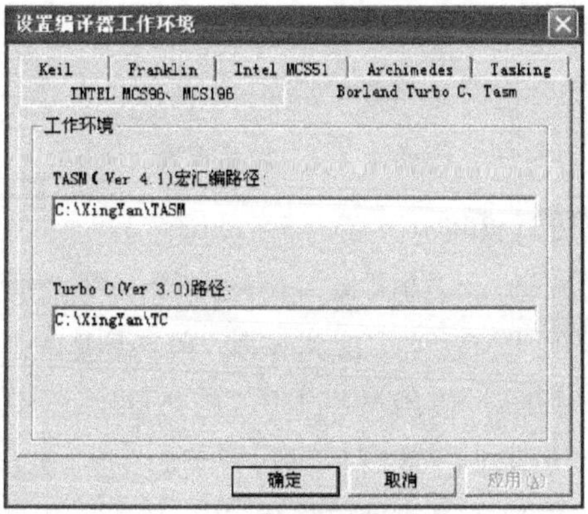

图 2.1.2 编译器工作环境

第二节

【微机原理及控制技术实验教程】

星研集成环境软件的使用

编写程序，将数据段中 3000H～30FFH 单元的内容传送给 6000H～60FFH 单元；再将它读出与 3000H～30FFH 单元中数据进行比较。

1. 8086 汇编语言程序(.ASM)

运行星研集成软件，启动界面如图 2.2.1 所示。

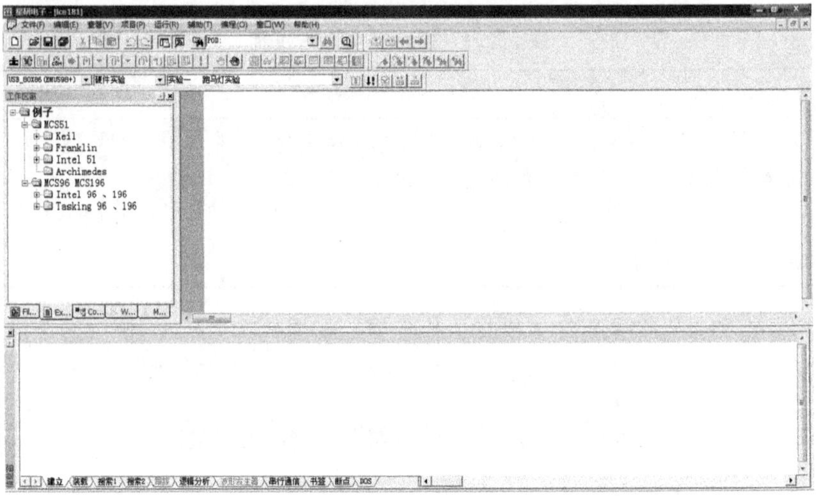

图 2.2.1 启动界面

1) 选择仿真器或仿真模块

执行“主菜单”－“辅助”－“仿真器”，出现如图 2.2.2 所示对话框。选择 SUN ES8688PCIU＋实验仪和 EMU86U 仿真模块，单击【确认】。如果选择“模拟调试器”，实验系统电源不用开启；使用微机 CPU 模拟执行程序，在集成环境中编写程序，对它编译、连接，解决语法错误，利用模拟调试功能，初步调试。可以调用附录 A 中的软中断，但无法对 I/O 接口进行操作。

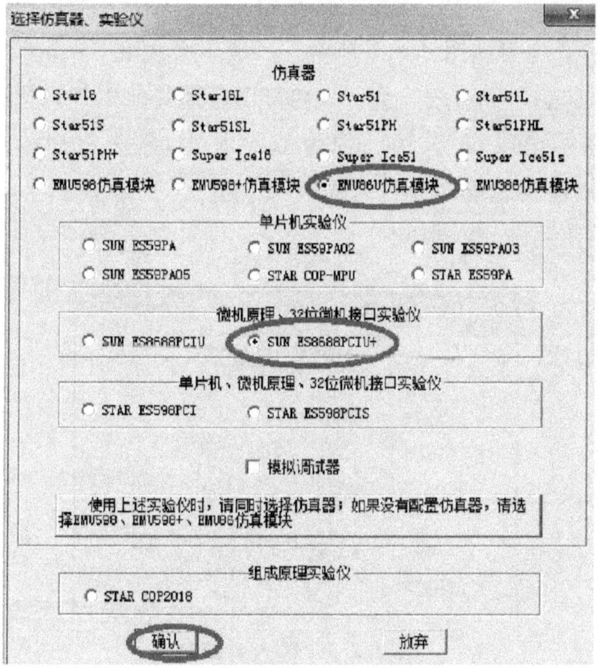

图 2.2.2　仿真器选择

2）设置缺省项目

执行“主菜单”—“辅助”—“缺省项目”，出现如图 2.2.3 所示对话框，选择 8086（EMU86），弹出图 2.2.4“选择语言”（请确定在选择语言之前已经安装好相应的编译软件）窗口，可以根据自己的需要及程序类型作相应的选择，这里选择 Borland 公司的 Turbo C(3.0)、TASM(5.0)。

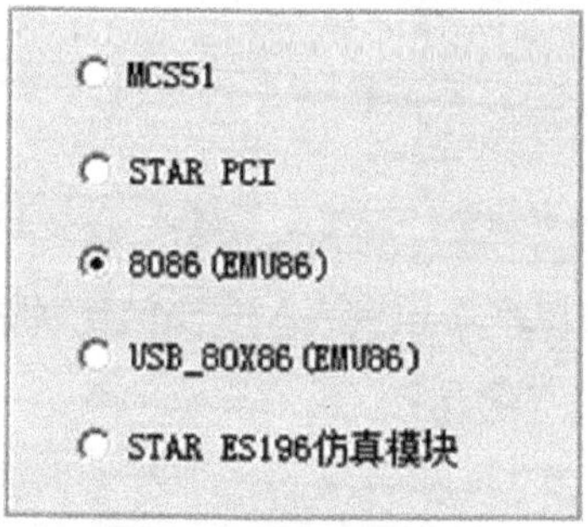

图 2.2.3　仿真缺省

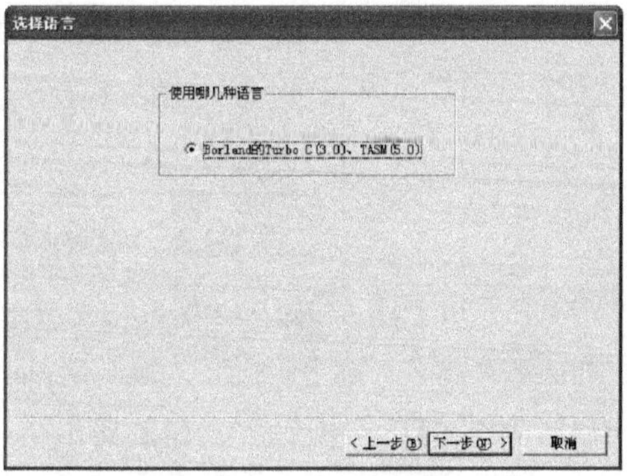

图 2.2.4　语言选择

单击【下一步】进入"编译、连接控制项"窗口。

Borland TC 选项卡如图 2.2.5 所示。一般不必改变 Turbo C 的编译控制项。memory model 请选择 tiny，缩写为 mt(也可以选择其他模式)，这种模式下所有数据和代码都放在一个段内，其访问都为 NEAR 型，整个程序≤64 K，并会产生 .COM 文件；如果需要源程序级别调试，必须使用－v －y 控制项，若要支持多文件编译、连接，必须使用－c 控制项。

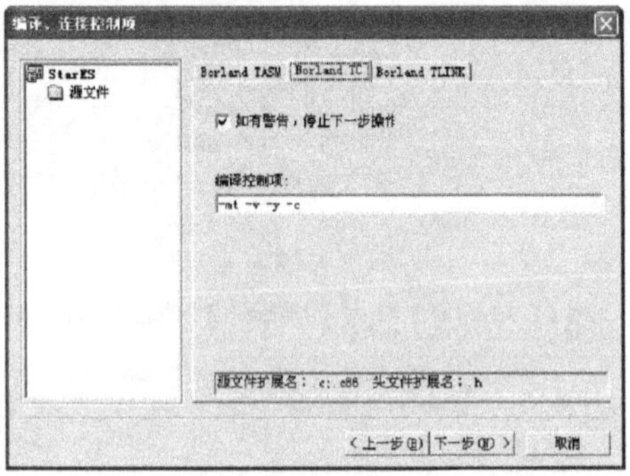

图 2.2.5 TC 编译控制

Borland TASM 选项卡如图 2.2.6 所示。一般不必改变 TASM 的编译控制项。如果需要源程序级别调试，必须使用/zi /l 控制项。

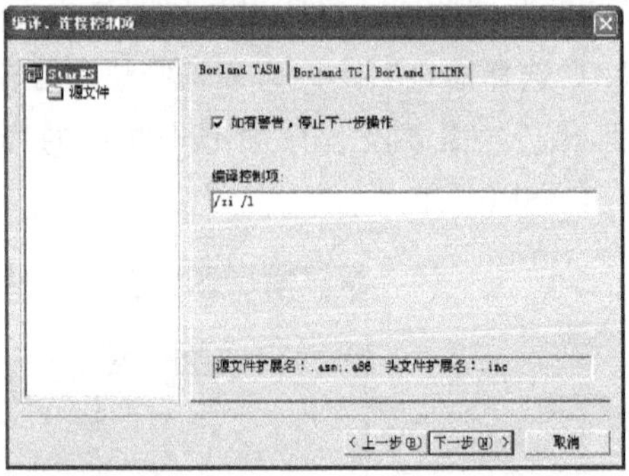

图 2.2.6 Borland TASM 编译控制

Borland TLINK 选项卡如图 2.2.7 所示。一般不必改变 TLINK 的连接控制项。如果需要源程序级别调试，必须使用/m /l /v 控制项。

然后再单击【下一步】进入"存贮器出借方式"窗口，如图 2.2.8 所示。仿真模块 EMU86 提供 64 K 仿真 RAM(IS61LV6416)，作程序段(CS)、数据段(DS)、附加段(ES)、堆栈段(SS)使用。

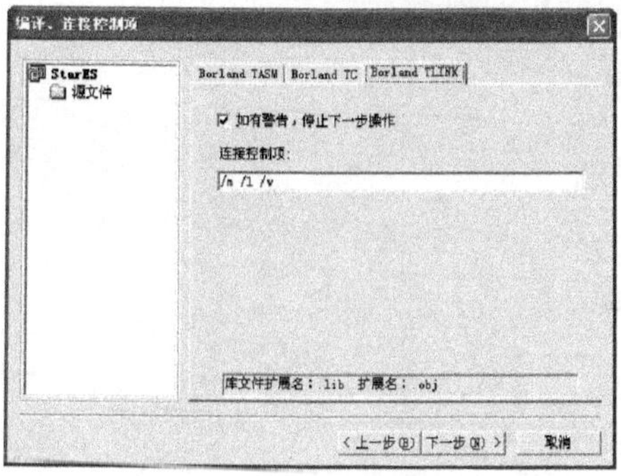

图 2.2.7 TLINK 连接控制

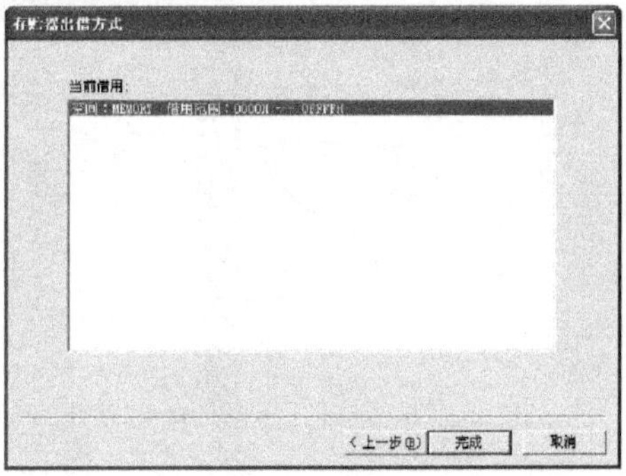

图 2.2.8 存储器出借

实验系统中 B4 区(见图 1.2.13)的 SRAM(两片 62256)也可以作数据段(DS)、附加段(ES)、堆栈段(SS)使用，但需要连接地址、数据总线、读信号、写信号。

3) 建立源文件

执行“主菜单”—“文件”—“新建”(或点击图标)打开窗口，选择存放源文件的目录，输入文件名(文件名不要超过 8 个字符，同时加文件类型(扩展名))。对源文件编译、连接、生成代码文件时，系统会根据不同的扩展名启动相应的编译软件。比如：*.asm 文件，使用 TASM 来对其编译。本实例文件名为“move.asm”，存放在“E:\examples”中。窗口如图 2.2.9 所示。

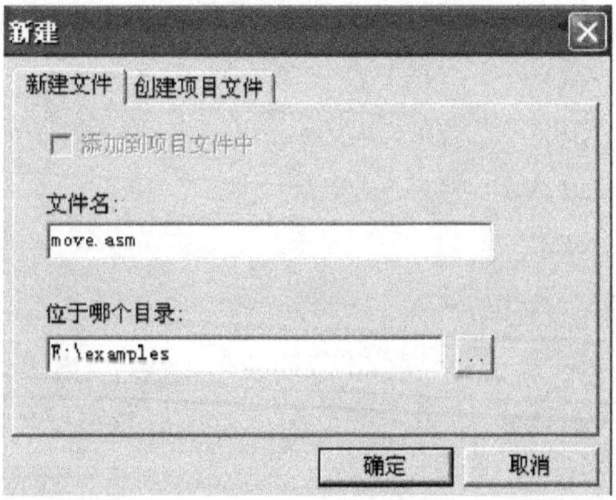

图 2.2.9 新建文件

单击【确定】，出现文件编辑窗口，输入源程序，如图 2.2.10 所示，保存后文件就建好了。

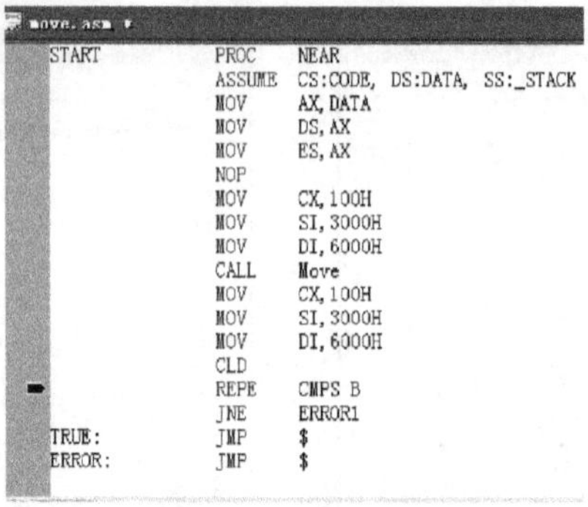

```
START           PROC    NEAR
                ASSUME  CS:CODE, DS:DATA, SS:_STACK
                MOV     AX, DATA
                MOV     DS, AX
                MOV     ES, AX
                NOP
                MOV     CX, 100H
                MOV     SI, 3000H
                MOV     DI, 6000H
                CALL    Move
                MOV     CX, 100H
                MOV     SI, 3000H
                MOV     DI, 6000H
                CLD
                REPE    CMPS B
                JNE     ERROR1
TRUE:           JMP     $
ERROR:          JMP     $
```

图 2.2.10　文件编辑

move.asm 程序清单如下：

```
_STACK      SEGMENT   STACK
            DW   100   DUP(?)
_STACK      ENDS
DATA        SEGMENT
DATA        ENDS
CODE        SEGMENT
START       PROC   NEAR
            ASSUME     CS:CODE, DS:DATA, SS:_STACK
            MOV     AX, DATA
            MOV     DS, AX
            MOV     ES, AX
            NOP
            MOV     CX, 100H
            MOV     SI, 3000H
            MOV     DI, 6000H
            CALL    Move
            MOV     CX, 100H
            MOV     SI, 3000H
            MOV     DI, 6000H
            CLD
            REPE    CMPSB
```

```
         JNE     ERROR
TRUE:    JMP     $
ERROR:   JMP     $
MOVE     PROC    NEAR
         CLD
         CMP     SI, DI
         JZ      Return
         JNB     Move1
         ADD     SI, CX
         DEC     SI
         ADD     DI, CX
         DEC     DI
         STD
MOVE1:   REP     MOVSB
RETURN:  RET
MOVE     ENDP
START    ENDP
CODE     ENDS
         END     START
```

4）编译、连接文件

对文件编译，如果没有错误，再与库文件连接，生成代码文件（DOB、EXE 文件）。

编译、连接文件的方法：执行“主菜单”—“项目”—“编译、连接”（或单击图标），“主菜单”—“项目”—“重新编译、连接”（或单击图标）。

“重新编译、连接”，无论源文件是否修改、编译软件是否变化、编译控制项有无修改，对源文件编译，如果没有错误，再与库文件连接，生成代码文件（DOB、EXE 文件）。编译、连接过程中产生的信息显示在信息窗的“建立”视图中。

没有错误的信息，则表示编译通过，如图 2.2.11 所示。

如果文件存放路径或文件名中含有特殊符号或超过 8 个字符，则编译提示信息如图 2.2.12 所示，必须把文件另存，并修改其文件存放路径或文件名。

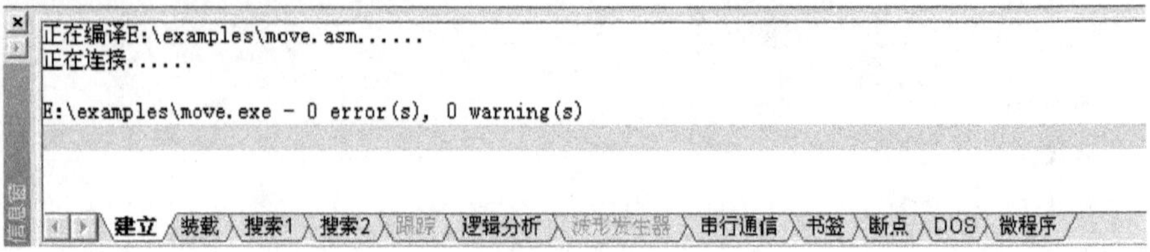

图 2.2.11 编译通过

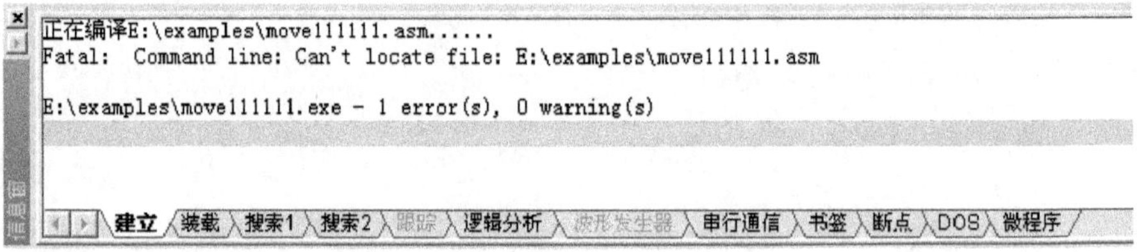

图 2.2.12 文件名出错编译提示

编译若有指令语法错误，出现如图 2.2.13 所示信息窗。当有错误、警告信息时，用鼠标左键双击错误、警告信息或将光标移到错误、警告信息上，回车，系统自动打开对应的出错文件，并定位于出错行上。此时，用户可以作相应的修改，直到编译、连接文件通过。

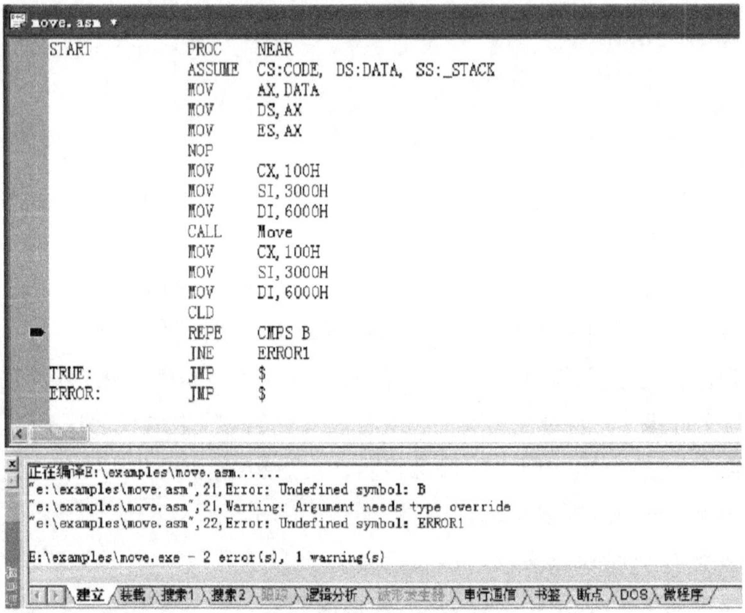

图 2.2.13 信息窗(编译出错)

5）调试

在进入调试状态以前，请正确设置通信口：执行“主菜单”—“辅助”—“通信”，对话框如图 2.2.14 所示。

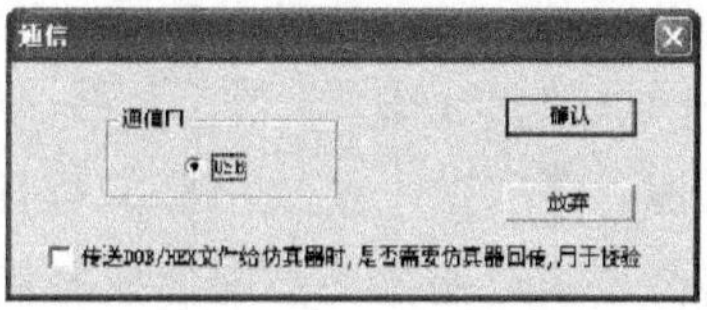

图 2.2.14　通信设置

仿真器、实验系统配套的通信线可以与微机 USB 口相连，即为 USB 通信线，选择 USB。对于最下面一行的校验，通常不必选中，从而提高传送 DOB、HEX、BIN 文件时的速度。

进入调试状态前，确定实验系统与微机的正确连接，保证电源接通（模拟调试除外）。

编译、连接正确后，可以开始调试程序。进入调试状态的方法有：执行“主菜单”—“运行”—“进入调试状态”或单击工具条的或执行“主菜单”—“运行”—“装载 DOB、HEX、BIN 文件”。如不能进入调试状态，会出现如图 2.2.15 所示提示。进入调试后的窗口如图 2.2.16 所示。

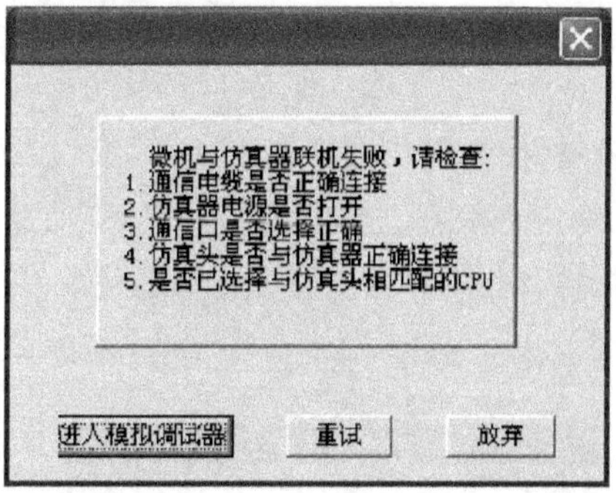

图 2.2.15　联机调试失败信息

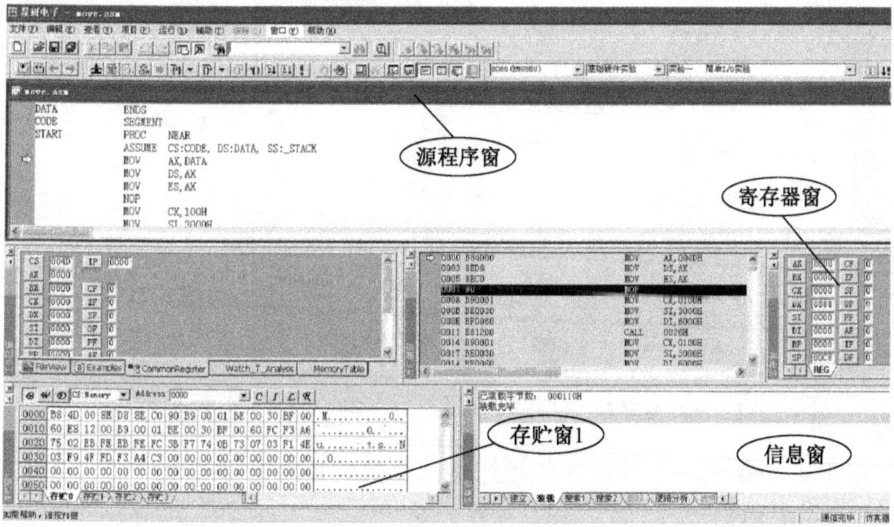

图 2.2.16　调试窗口

在图 2.2.16 中可以看到相对应的窗口信息。在“工作区窗”的“CommonRegister”中可以了解通用寄存器的信息。上面的窗口为源程序窗口，用户可在此设置断点及光标的运行处、编辑程序等。寄存器窗中可以看到一些常用的寄存器的数值。存贮窗 1 显示相应的程序段(CS)、数据段(DS)、I/O 设备区的数据。反汇编窗显示对程序反汇编的信息代码、机器码、对应的源文件。变量窗自动显示收集变量。在信息窗的“装载”视中，显示装载的代码文件、装载的字节数，装载完毕后，显示起始地址、结束地址。

像图 2.2.16 这种船坞化的窗口比通常的窗口显示的内容更多，移动非常方便。用鼠标左键点住窗口左边或上方的标题条，移动鼠标，可将窗口移到合适的位置；将鼠标移到窗口的边上，鼠标的图标变成可变化窗口时的形状，用鼠标左键点住，移动鼠标，变化一个或一组窗口的大小。在调试过程中，可以根据需要，在“主菜单”—“查看”中打开如图 2.2.17 所示窗口：寄存器窗，存贮器窗 1、2、3，观察窗，变量窗，反汇编窗。也可以通过“主菜单”—“辅助”—“设置”—“格式”打开如图 2.2.18 所示窗口，设置每一种窗口使用的字体、大小、颜色：首先在“种类”中选择一个窗口，然后选择“字体”“大小”，在“颜色”中选择某一类，在“前景”“背景”中选择喜欢的颜色。

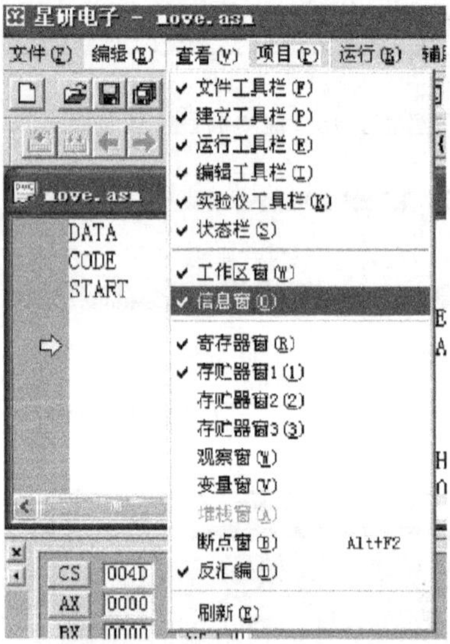

图 2.2.17 查看菜单息

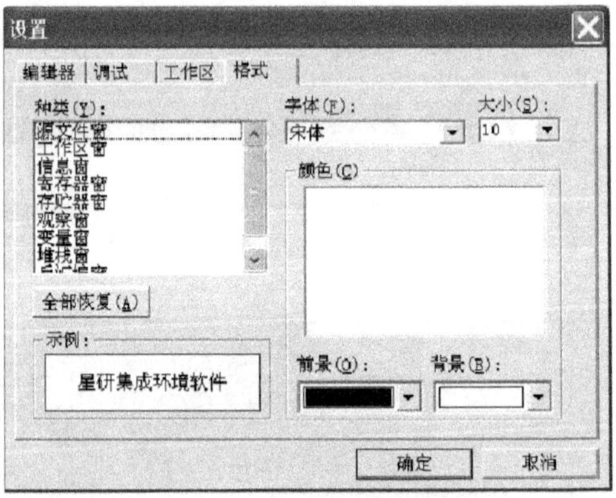

图 2.2.18 设置窗口格式

对于高级语言，在程序前有一段库文件提供的初始化代码，⇨(当前可执行标志)不会出现在这些文件行上；如果使用 C 语言，可将光标移到 main 函数上，按 F4 功能键，使 CPU 全速运行到 main 语句后停下；如果使用 PL/M 语言，按 F7 功能键，让 CPU“单步进入”，运行到任何一个可执行语句停下。

可以使用以下命令调试程序：

:设置或清除断点(功能键为 F2)。在当前光标行上设置或清除一个断点。

:单步进入(功能键 F7)。单步执行当前行或当前指令，可进入函数或子程序。

:连续单步进入(功能键 Ctrl + F7)。连续执行单步进入，用鼠标单击或按任意键后停止运行。

:单步(功能键 F8)。单步执行当前行或当前指令，将函数或子程序作为一条指令来执行。如果当前行中含有函数、子程序或发生中断，CPU 将执行完整个函数、子程序或中断，停止于当前行或当前指令的下一有代码的行上。

:连续单步(功能键 Ctrl + F8)。连续执行单步，用鼠标单击或按任意键后，停止运行。

:运行到光标行(功能键 F4)。从当前地址开始全速运行用户程序，碰到光标行、断点或用鼠标单击，停止运行。

:全速断点(功能键 F9)。从当前地址开始全速运行用户程序，碰到断点或用鼠标单击，停止运行。

:全速运行(功能键 Ctrl + F10)。从当前地址开始全速运行用户程序，此时，按用户系统的复位键，CPU 从头开始执行用户程序，用鼠标单击，停止运行。全速运行时，屏蔽了所有断点，即不会响应任何断点。

:停止运行。

:终止微机与仿真器之间通信(功能键 ESC)。

注意：若欲终止微机与仿真器之间通信，可按功能键 ESC，它的效果比单击相应图标的效果要好。在系统运行连续单步或连续单步进入时 ESC 键被禁止，这时用户可以按键盘的其他任意键停止运行。

一般来说，用户的程序或多或少会有一些逻辑错误，在调试状态的窗口中可以看到很多窗口，用户只要熟练地应用这些窗口来观察、分析数据就会很快的调试好程序，达到事半功倍的效果。

6) 调试实例

进入调试界面后，由于需要观察两个数据块——数据段 3000H～30FFH 和 6000H～60FFH，所以可以打开两个存贮器窗口。执行“主菜单”-“查看”命令，根据需要打开不同的窗口，调整后的调试界面如图 2.2.19 所示。

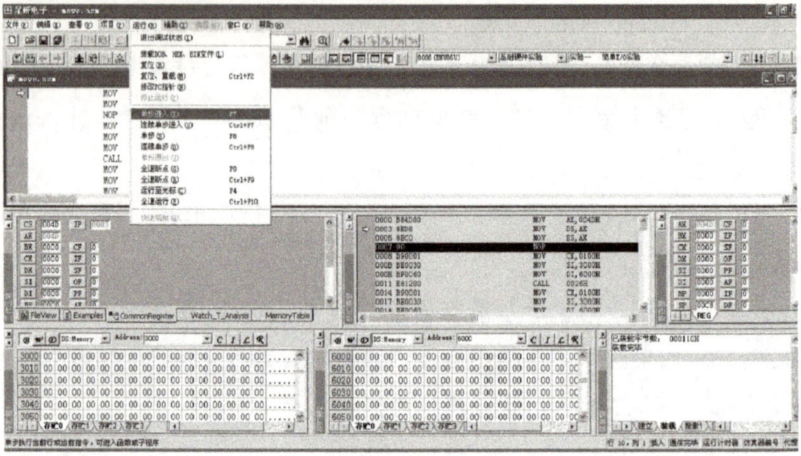

图 2.2.19　调试界面

本例主要是观察存贮器窗口，软件中共存在 3 个存贮器窗口。每个窗口设置了 4 个分页项：存贮0 存贮1 存贮2 存贮3，可以在不同的分页项设置不同的观察数据空间及地址范围。在 DS:Memory 下拉菜单中可以选择 CS：Me-mory、DS：Memory、I/O，根据需要可作不同的选择。在 Address:0000 中可以直接输入地址，按回车键，就可以直接转到输入的地址窗口上观察数据。

在此程序中写入数据的 RAM 空间分别为 DS：3000H～30FFH，DS：6000H～60FFH，设置界面的目的就是当用户要观察不同地址段的数据时，只要切换分页项即可。由于本次程序需要同时观察 DS：3000～30FFH 和 DS：6000H～60FFH，所以打开两个存贮器窗口，如图 2.2.20 所示。

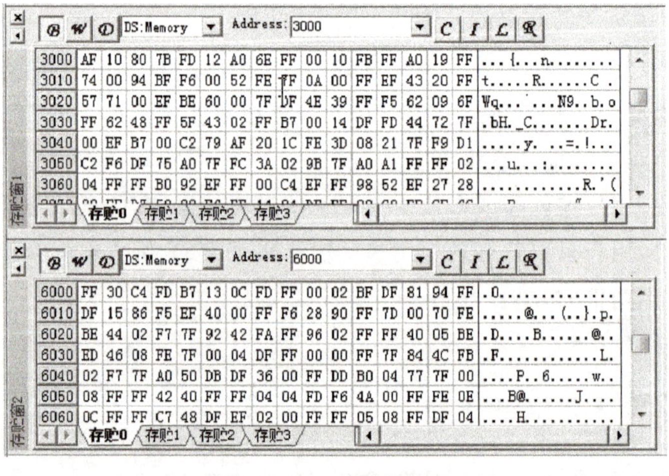

图 2.2.20　存贮器窗口

存贮器窗口支持数据的直接修改功能，如执行程序前，将 DS:3000H～300FH 中的数据改为 11,22,33,44,55,66,77,88,99,AA,BB,CC,DD,EE,FF,00，在相对应的地址中直接输入数据即可，如图 2.2.21 所示。

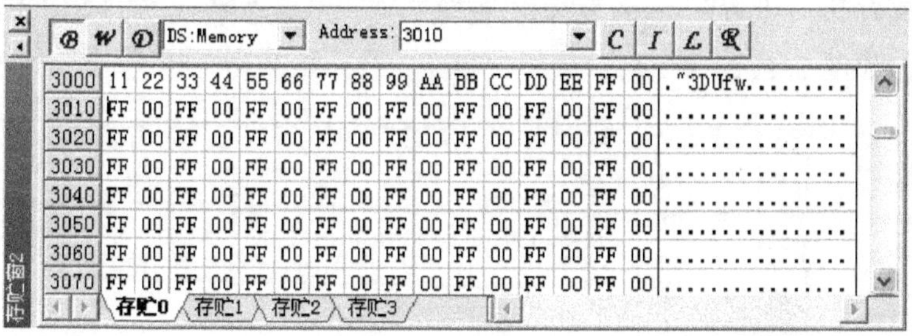

图 2.2.21 输入数据

在进入调试状态后，初调程序推荐用单步(F8)或单步进入(F7)命令。执行多次单步进入，在工作区窗口的 CommonRegister 视中查看通用的寄存器，如图 2.2.22 所示，可观察到所使用的一些寄存器的变化，从存贮器窗口中看到的相对应的 RAM 的数据的变化(其中右边为相应数据的 ASCII 码)如图 2.2.23 所示。如每执行一次 MOV SB 语句，CX 减 1，DI、SI 加 1，从 DS:[SI]取出的数值复制到 ES:[DI]中：11,22,33,44,55,66,…。由切换分页项可以观察到其他地址的数据。

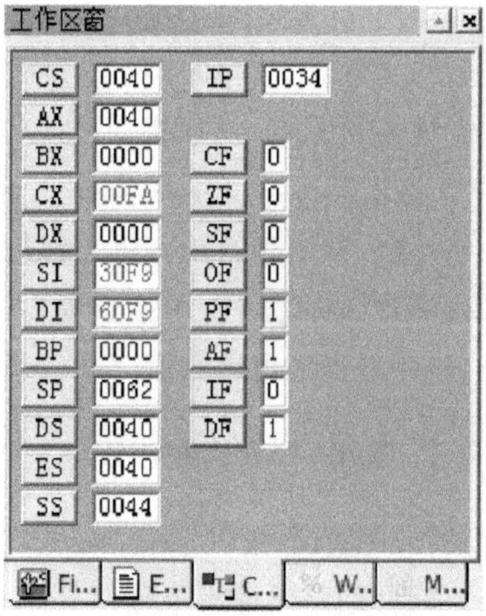

图 2.2.22 通用寄存器窗

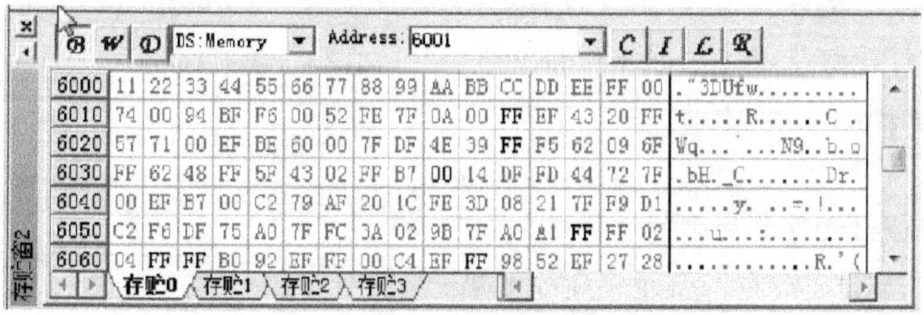

图 2.2.23 存贮器窗口

把光标移动到第 17 行 MOV CX,100H 上，单击图标(功能键 F4)全速运行到光标行，检查 DS:6000H～60FFH 内容是否与 DS:3000H～30FFH 相同，如果完全相同，说明以上程序没有问题。

设置断点：将光标移到第 23 行（TRUE：JMP $）的左边，鼠标变为，单击鼠标，在该行上设置一个断点。也可以用鼠标单击该行，将光标移到鼠标处，单击图标（功能键为 F2），设置断点；重复操作，清除断点。最后在第 24 行（ERROR：JMP $）设置断点，如图 2.2.24 所示。

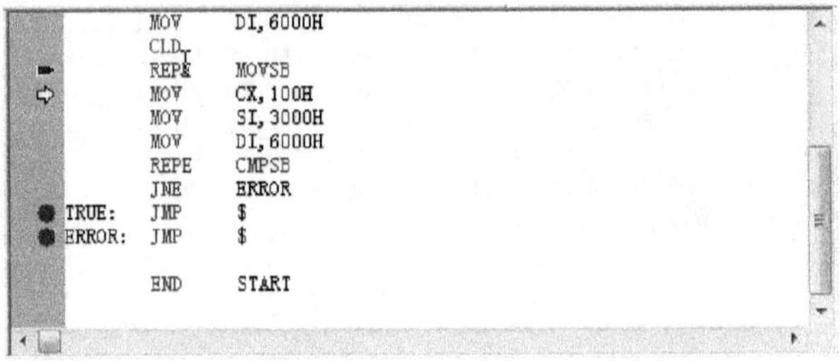

图 2.2.24 设置断点

单击图标（功能键 F9），CPU 全速断点运行到光标处停下，如果在第 23 行 CPU 停止运行，表示运行结果正确；如果 CPU 运行到第 24 行停止运行，与期望值不符，表示程序有问题。将光标移到第 13 行上（具体操作是：用鼠标单击该行，然后再单击图标），使用单步进入命令（F7）或连续单步进入命令（Ctrl＋F7），检查结果，判断程序出错原因。

2. Turbo C 语言程序设计(.C)

1）建立项目

软件是以项目为单位来管理程序的。在建立文件之前先要建立项目文件：执行“主菜单”－“文件”－“新建”（或者单击图标），打开窗口，单击“创建项目文件”分页项，如图 2.2.25 所示。

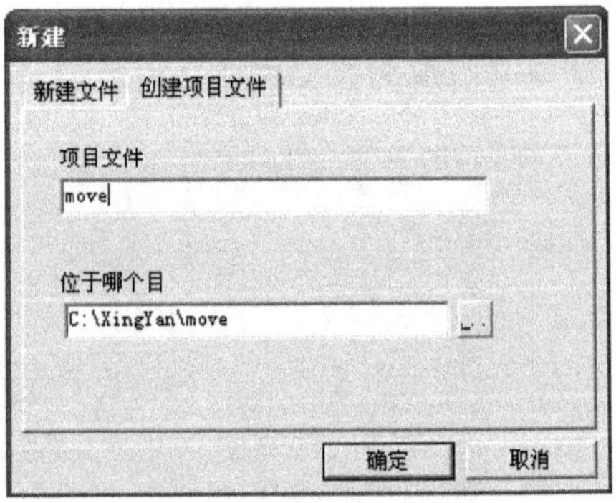

图 2.2.25 新建项目

输入项目文件名及选择目录，即可建立一个以项目文件名为名的文件夹，在后续的编译、调试过程中生成的所有文件都在此文件夹里。键入项目文件名“move”，然后按【确定】，进入“设置项目文件”部分。建好项目文件 move 的工作区窗中，包含“源文件”“头文件”“库文件”“其他文件”。“其他文件”中通常包含对该项目用途作一些说明的文件;“库文件”通常包含编译软件自带的 OBJ 文件、LIB 等库文件。

2）设置项目文件

设置项目文件与设置缺省项目操作完全一样,请参阅相关章节。

3）建立源文件

执行“主菜单”—“文件”—“新建”或者单击图标打开窗口,选定刚才建立的项目文件的文件夹,输入文件名(一定要输入文件名后缀),系统会根据不同的后缀名给文件归类。勾选“添加到项目文件中”,系统自动将该模块文件加入项目中。本实例文件名为“move. c”,单击【确定】后即出现文件编辑窗口。建好的文件的窗口如图 2.2.26 和图 2.2.27 所示。

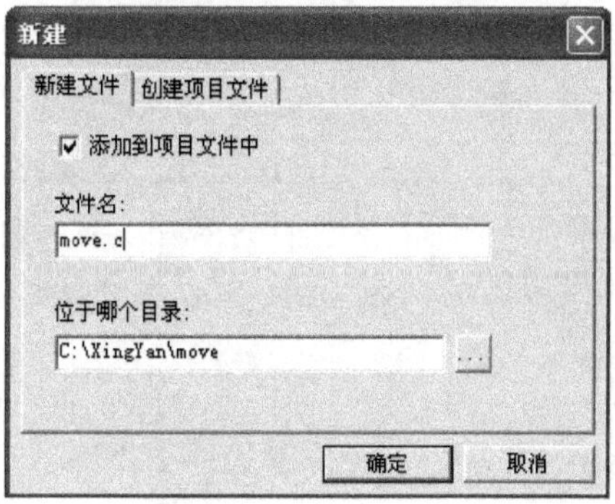

图 2.2.26　新建文件

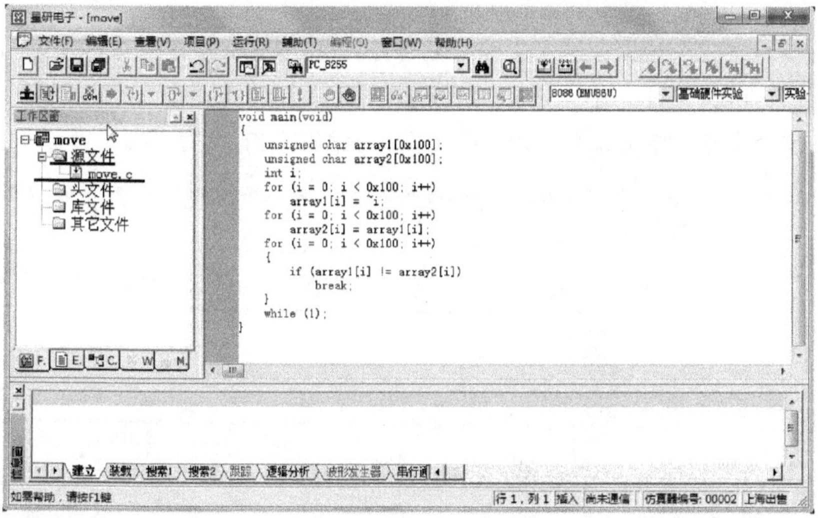

图 2.2.27　文件录入

move. c 程序清单如下：

```
#include "conio. h"
    void main(void)
```

```
{
    unsigned char array1[0x100];
    unsigned char array2[0x100];
    int i;
    for (i=0; i < 0x100; i++)
        array1[i]=~i;
    for (i=0; i < 0x100; i++)
        array2[i]=array1[i];
    for (i=0; i < 0x100; i++)
    {
        if (array1[i] != array2[i])
            break;
    }       while (1);
}
```

若在新建文件时没有输入文件后缀，则其文件不会保存在源文件项，而是保存在“其他文件”的文件夹中。建立对项目说明的文件即可用此方法。如图 2.2.28 所示建立一个本程序的说明文档“shuoming”，编辑文档，保存即可。

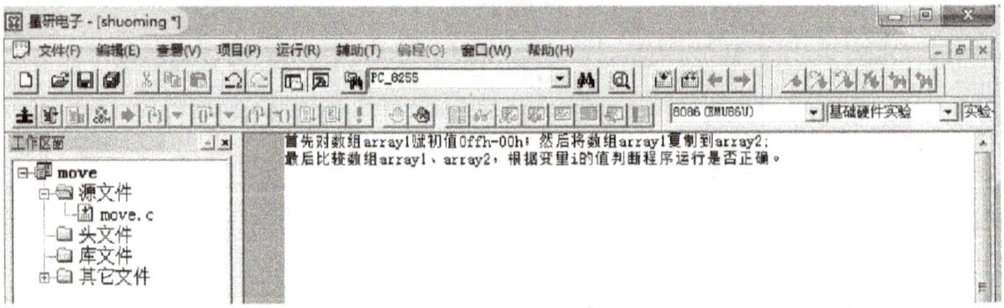

图 2.2.28 说明文件建立

4) 编译、连接文件

对工作区窗项目的“源文件”中的所有模块文件进行编译，如果没有错误，再与“库文件”中所有库文件连接，生成代码文件(DOB、EXE 文件)。编译、连接文件的方法有如下 3 种：

① 在工作区窗的项目视中单击鼠标右键，系统弹出快捷菜单，选择“编译、连接”或“重新编译连接”。

② 执行“主菜单”－“项目”－“ 编译、连接”或“主菜单”－“项目“－“ 重新编译、连接”。

③ 单击图标或来“编译、连接”或“重新编译连接”。

“重新编译、连接”不管项目中有无添加、删除模块文件、编译软件是否变化、编译控制项有无修改、模块文件有无修改，对“源文件”中所有模块文件编译，如果没有错误，再与“库文件”中所有库文件连接，生成代码文件(DOB、EXE 文件)。编译、连接过程中产生的信息显示在信息窗的“建立”标签项中。

5）调试项目文件

调试 C 语言程序时，观察比较多的是寄存器窗、观察窗和变量窗，所以把这些窗口放在前台，并调整至适当的大小，如图 2.2.29 所示。

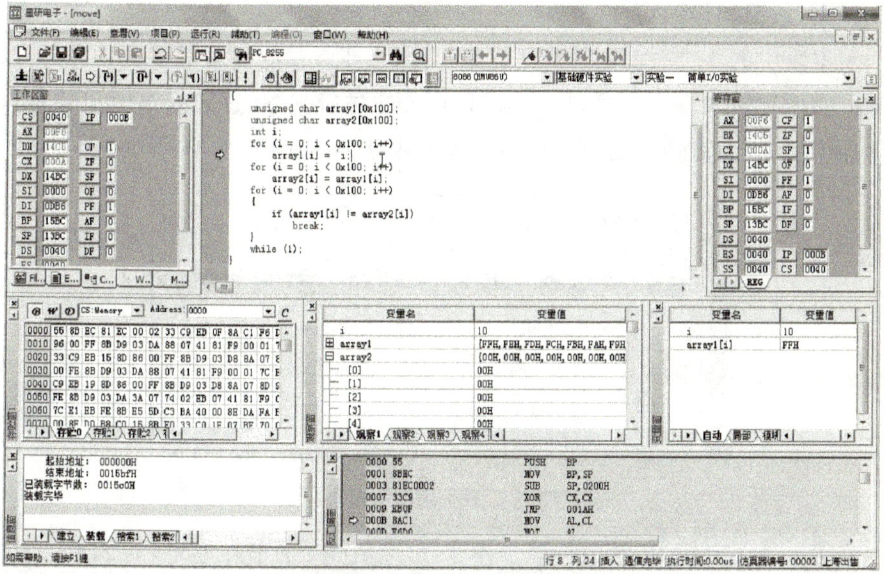

图 2.2.29　C 语言程序调试界面

执行单步命令时就会在变量窗口中看到相应变量的变化，变量窗包含“自动”“局部”“模块”“全局”4 个标签，如图 2.2.30 所示。

① 自动：软件自动搜集当前行(PC 指针对应的文件行)及前两行上的变量。

② 局部：显示当前函数或当前过程中的所有变量。

③ 模块：显示当前模块文件中所有模块级变量。

④ 全局：显示所有全局变量。

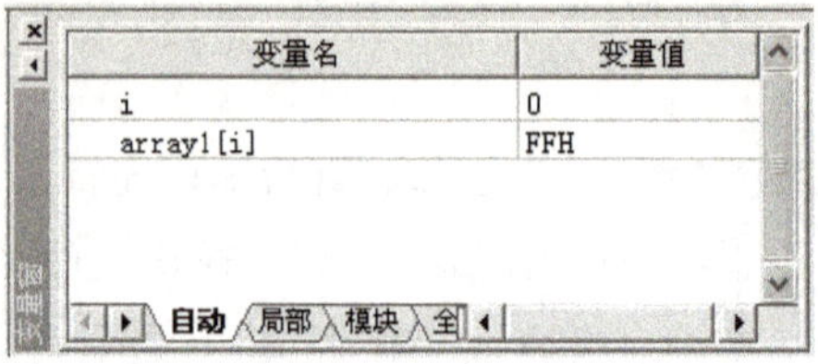

图 2.2.30　变量窗

在观察窗口中可以随意添加想要观察的变量，具体方法如下：

① 在文件窗中，用鼠标左键双击变量名，按住鼠标左键，将该变量名拖至观察窗中，释放鼠标左键，自动将该变量添至观察窗中。

② 用鼠标左键双击观察窗中的虚线框，出现一个编辑框，在编辑框中输入一个变量名，按回车键即可。

观察窗中的 4 个页面项的作用完全一样，当要观察的变量很多时，用户可以在不同的页面项输入观察变量如 i、array1、array2 进行观察，这样观察时只要单击一下页面即可，大大方便了用户对程序的调试和分析，如图 2.2.31 所示。

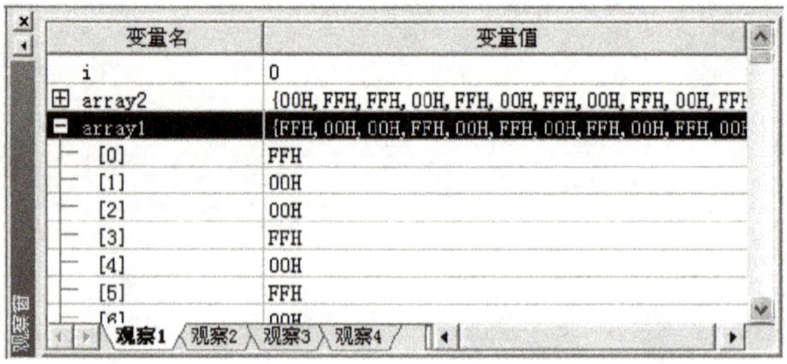

图 2.2.31　观察变量窗

在第一个循环中，连续执行单步操作，可以看到 i 的值在递增，0FFH～00H 赋给 array1[0]～array1[255]；在第二个循环中，连续执行单步操作，可以看到数组 array1 复制给数组 array2；在第三个循环中，连续执行单步操作，比较数组 array1 和 array2 中数据，判断程序是否正确(如果 i=256，程序执行正确；如果为其他值，程序执行错误)。

窗口中的数值也支持直接修改功能：双击要修改的数值，出现一个编辑框，在编辑框中输入数据，按回车键即可。用户在调试很长的程序时，为了分段检测，若前段程序有问题，可以在下一段程序前用修改变量的方法先使程序满足所需要运行的条件，以便下一段程序的检测。

另外一种查看变量的方法如图 2.2.32 所示：鼠标移到文件窗、反汇编窗口中的变量、寄存器上，0.5 s 后，在它们的旁边会显示相应的值。

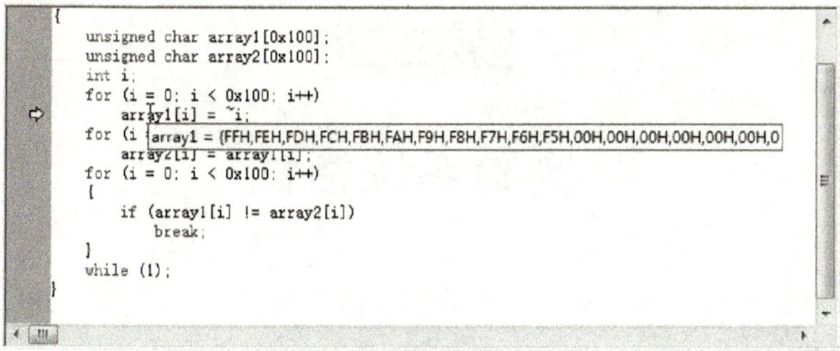

图 2.2.32 查看变量内容

第三节

实验系统测试

1. 演示实验

首先选择实验类型，例如软件实验、基础硬件实验、综合实验；然后选择具体实验，单击连线，显示该实验对应的连线说明，基础硬件实验中简单 I/O 实验连线如图 2.3.1 所示。

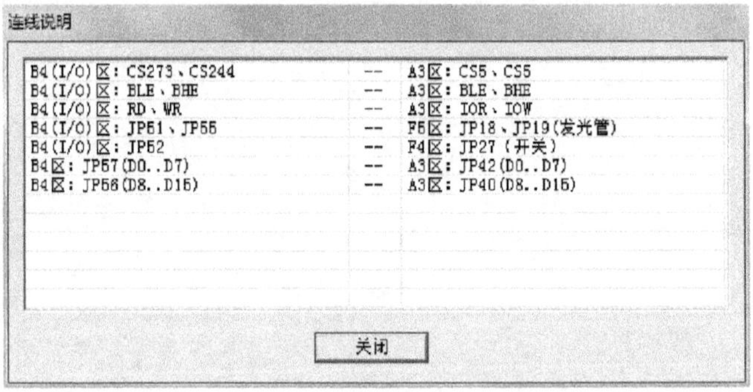

图 2.3.1 对应实验连线说明

正确选择仿真器或仿真模块，单击演示，软件自动将该实验的机器码装入实验系统，并全速运行该程序；如果按照上述连线后，没有出现实验结果，则表示与该实验相关的芯片可能出问题。

2. 完整自检

实验系统如配置了 Test Board 测试模块，单击测试，可以对整套实验系统进行检测，如图 2.3.2 所示。

首先正确选择串口，软件通过串口，向实验系统发出各种测试命令；然后选择使用的液晶，12864J 表示 12864 图形点阵液晶，12864M 表示带汉字库的 12864 图形点阵液晶，12864C 表示 12864 图形点阵液晶，通常同时配置触摸屏。

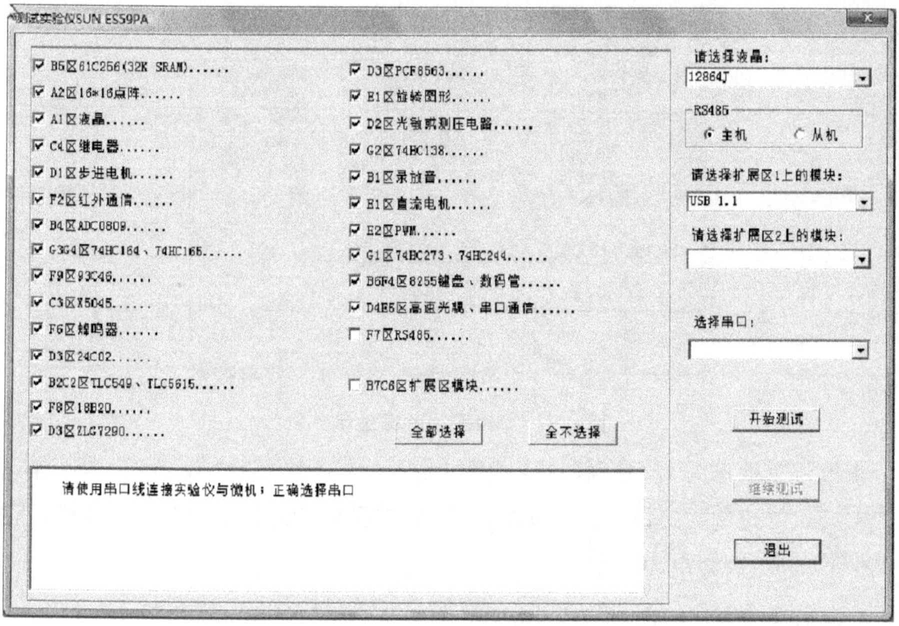

图 2.3.2　模块测试界面

如果需要测试 RS485,必须选择当前实验系统是主机还是从机;如果还需测试扩展模块,应正确选择模块。如果只需测试实验系统的一部分,请自行选择。

单击【开始测试】,根据对话框的下半部分提示,完成对实验系统的完整测试(新学期对实验作一完整检测)。

3. 频率计(EMU86)

如果需要测试 CPU 的振荡频率和电路中其他信号的频率,在调试状态,可以选择频率计功能:"主菜单"—"分析手段"—"频率计",它可以测试 100 MHz 以内的信号。EMU86 仿真模块的 FREQ 与被测信号相连。频率计、仿真部分可以并行运行。

4. 模拟波形发生器(EMU86)

EMU86 仿真模块可以提供 2 路模拟波形:正弦波、方波、锯齿波、三角波或自定义波形。可以选择模拟波形发生器功能:"主菜单"—"分析手段"—"模拟波形发生器"。EMU86 仿真模块的 W1 和 W2 对应于通道 1 和通道 2。模拟波形发生器、仿真部分可以并行运行。模拟波形发生器界面如图 2.3.3 所示。

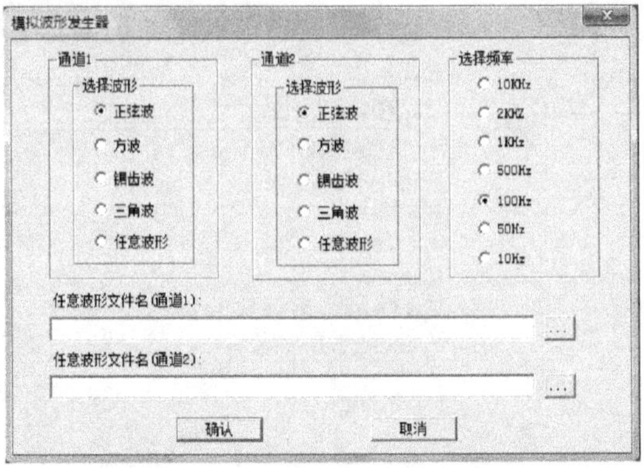

图 2.3.3 模拟波形发生器界面

模拟任意波形时，首先应创建一个 BIN 文件，包含 100 个字数据，每个字数据包含 12 bit 二进制数，即每个字数据的有效范围为 0000H～0FFFH；然后根据希望产生的波形，换算出 100 个字数据。

5. TDS2A(EMU86)虚拟示波器

TDS2A 虚拟示波器的安装软件在“实验系统\TDS2A(EMU86)”文件夹，运行“SETUP.EXE”文件即可安装。虚拟示波器如图 2.3.4 所示。单击“启动/暂停”按钮，可以启动或暂停虚拟示波器功能，操作与一般示波器类似。

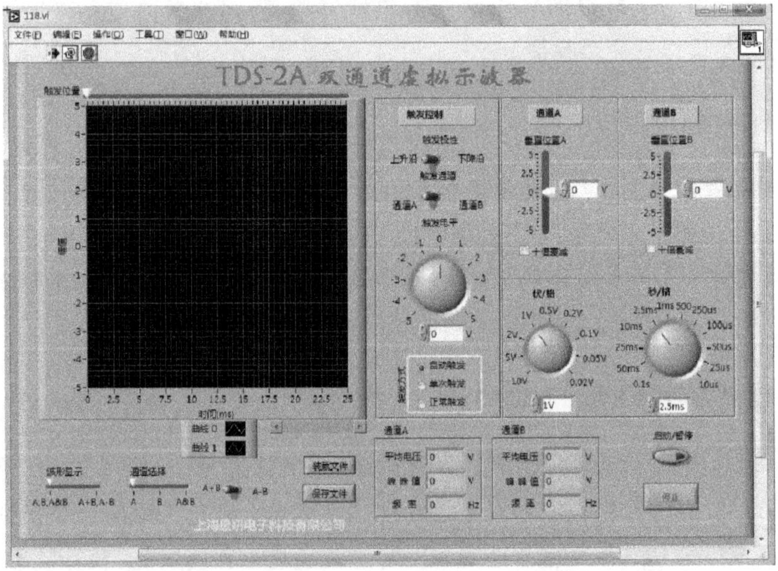

图 2.3.4 TDS-2A 虚拟示波器界面

第 3 章

微型计算机原理及接口技术实验指导

微型计算机原理及接口技术实验部分共由9个实验项目组成，学生通过对这些项目的实验，能进一步加深理解80×86系统的组织和结构、指令系统与汇编语言程序设计、接口知识运用等，并熟练运用配套软件提供的各种调试手段来排除实验中出现的软、硬件问题。

实验一

熟悉80×86实验系统编程环境

1. 实验目的

(1) 熟悉星研集成环境软件的使用方法和Borland公司的TASM编译器。

(2) 掌握在计算机上建立、编译、连接、调试和运行80×86汇编语言程序的步骤。

2. 实验设备

PC计算机(安装星研集成环境软件)一台。

3. 实验内容

计算16位二进制数Y中的1个数，并将结果存入COUNT单元。已知数Y的地址存放在ADDR中。以此汇编语言源程序为例，学习并掌握在SUN ES86PCIU+实验系统上用模拟调试器调试程序的一般步骤，记录操作过程和结果，学会常用项目窗口、调试窗口和存储器窗口等的使用。

4. 程序设计

程序清单框架如下：

```
_STACK    SEGMENT    stack
          DB 100 DUP(?)
_STACK    ENDS
```

```
DSEG      SEGMENT
ADDR      DW        NUMBER
NUMBER    DW        Y                ;Y为已知数,以双字节输入
COUNT     DW        ?                ;结果存放在COUNT中
DSEG      ENDS
CSEG      SEGMENT
MAIN      PROC      FAR
          ASSUME    CS:CSEG,DS:DSEG,SS:_STACK
START:    PUSH      DS
          SUB       AX,AX
          PUSH      AX
          MOV       AX,DSEG
          MOV       DS,AX
          MOV       CX,0             ;计数单元预置为0
          MOV       BX,ADDR          ;数Y的地址送BX
          MOV       AX,[BX]          ;取Y值送AX
REPEAT:   TEST      AX,0FFFFH        ;测试Y的各位
          JZ        EXIT             ;若为全零转至EXIT
          JNS       SHIFT            ;若最高位为0,转SHIFT
          INC       CX               ;若最高位为1,1的个数加1
SHIFT:    SHL       AX,1             ;数Y左移1位
          JMP       REPEAT           ;重复执行
EXIT:     MOV       COUNT,CX         ;存结果放在COUNT中
          RET                        ;返回
MAIN      ENDP
CSEG      ENDS
          END       START
```

5. 实验步骤

开启计算机,默认进入 Windows 7(x86)32 位操作系统;在计算机工作盘 E 盘建立文件夹,以便后续实验使用,文件夹名字不要超过 8 个字符。单击桌面图标

,启动星研集成环境软件。

1）设置仿真器或仿真模块

单击“主菜单”—“辅助”—“仿真器”，如图 3.1.1 所示，设置仿真模块 EMU86U、微机实验设备 SUN ES8688PCIU＋、模拟调试器。选择在模拟调试环境下进行编写程序、编译、连接、微机 CPU 模拟执行程序。

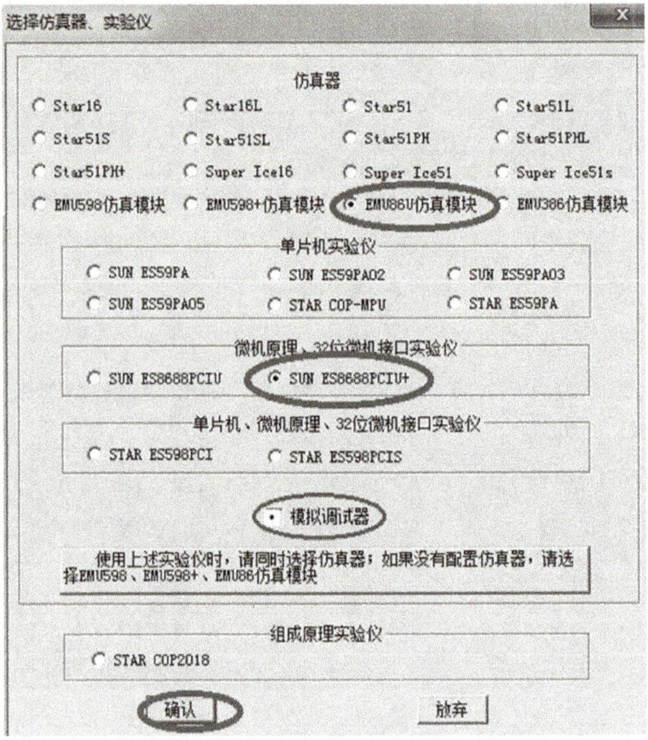

图 3.1.1 设置仿真器或仿真模块

2）设置缺省项目

单击“主菜单”—“辅助”—“缺省项目”，选择 8086(EMU86)。

3）建立源文件

单击“主菜单”—“文件”—“新建”，建立源文件，选择存放源文件的目录，输入文件名。注意：一定要输入文件名扩展名后缀（＊.asm），系统将使用 TASM 来对它进行编译。

在源程序窗中输入实验例程，完成后单击图标保存文件。

4）编译、连接文件

单击“主菜单”—“项目”—“编译、连接”进行编译、连接；或单击“主菜单”—“项目”—“重新编译、连接”进行重新编译连接。

编译、连接过程中产生的信息将显示在信息窗的“建立”标签项中，如图 3.1.2 所示，以提示编译结果有 3 个错误及 1 个警告信息。修改有错误、警告信息的程序时，用鼠标左键双击错误、警告信息或将光标移到错误、警告信息上，系统将自动定位于出错行。对源程序作相应的修改，直到编译、连接文件后没有错误（通过），如图 3.1.3 所示。

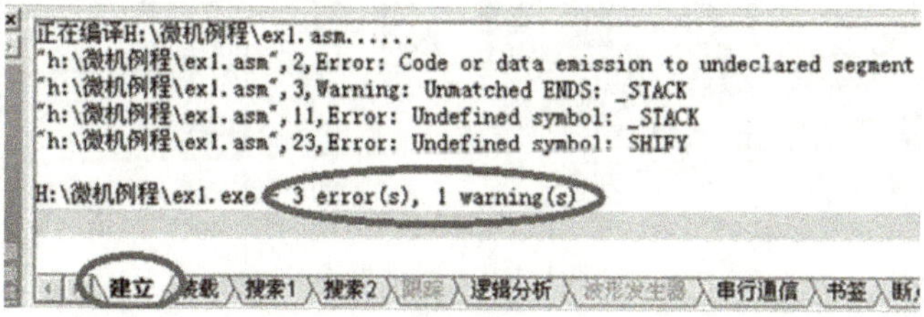

图 3.1.2 编译有错信息提示

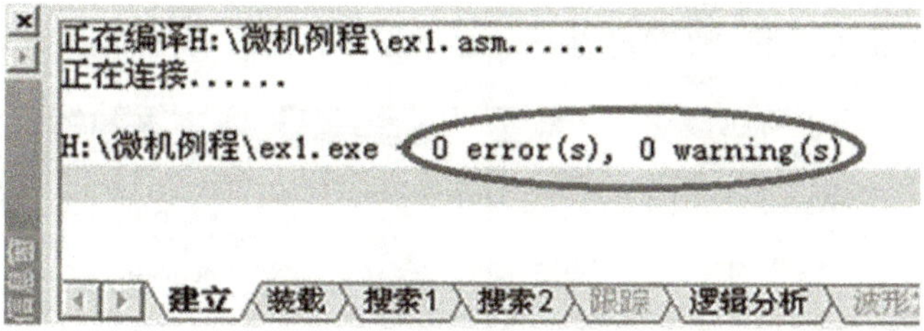

图 3.1.3 编译通过

5）进入调试

单击“主菜单”—“运行”—“进入调试状态”。

在调试过程中，可以根据需要在主菜单中“查看”寄存器窗和存贮器窗 1、2、3，以及观察窗、变量窗、反汇编窗；通过主菜单中“辅助”—“设置”—“格式”，设置每一种窗口使用的字体、大小、颜色。

打开不同的窗口，把这些窗口放在前台，并调整至适当的大小。调整后的调试界面如图 3.1.4 所示。详细操作见第 2 章实验二相关内容。

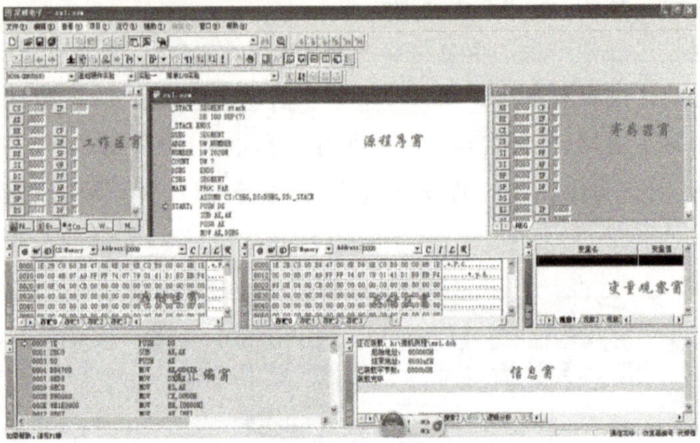

图 3.1.4　调试界面

6）运行

执行“主菜单”—“运行”—“运行到光标”(功能键 F4)运行程序；或先设置断点(功能键为 F2)后全速断点(功能键 F9)运行程序。运行程序如图 3.1.5 所示。

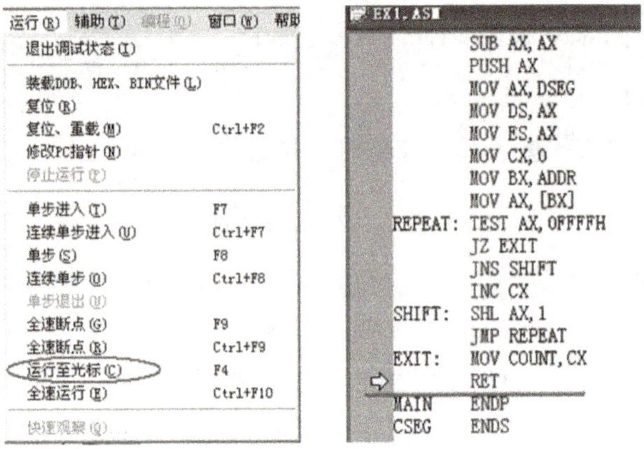

图 3.1.5　运行程序(运行到光标处)

7）分析结果

检查结果，判断正确与否。若结果有误，可使用断点、单步进入、单步、运行到光标处等各种调试手段细查原因。

本实验例程主要是要得到 COUNT 单元里的值。查看 DS 段内容：在存贮器窗口选择“DS:Memory”查看，如图 3.1.6 所示。存贮器窗口支持数据的直接修改功能。

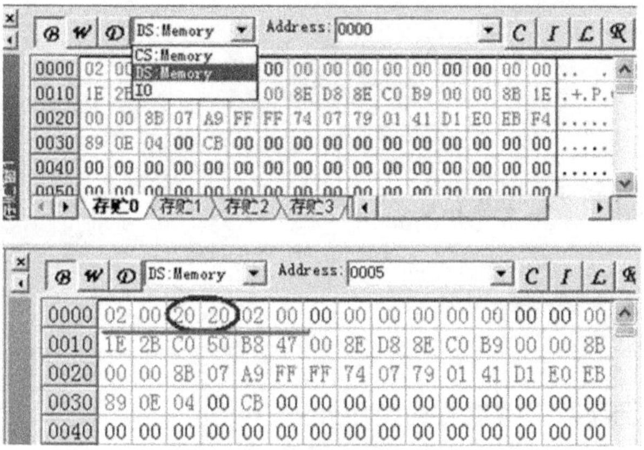

图 3.1.6　查看 DS 段内容

程序调试结束后，将 DS:0000～DS:0005 内存放的值填入表 3.1.1 中。

表 3.1.1　实验数据记录

地址	DS:0005	DS:0004	DS:0003	DS:0002	DS:0001	DS:0000
数值						

6. 实验报告及思考题

（1）说明调试程序的主要操作，包括调试的情况、上机调试步骤、调试所遇到的问题及解决方法，并对执行结果进行分析。

（2）画出程序流程框图；记录数据段存放的原始数据和程序执行结束后的数据（观察地址指针、计数器变化）。

（3）思考在实验中若用全速运行（不设断点）会出现什么现象。

实验二

程序设计及调试（一）——分支、循环程序程序设计

1. 实验目的

（1）巩固星研集成环境软件的使用方法。

（2）熟悉 8086 汇编指令系统及汇编语言程序的框架结构。

（3）掌握分支、循环等基本程序结构及程序设计方法。

2. 实验设备

PC 计算机（安装星研集成环境软件）一台。

3. 实验内容

（1）编写程序，实现把 20 个字节的数组分成正数组和负数组，并分别计算两个数组中数据的个数。

（2）编写程序，实现将 32 位数左移 4 位，并将高 4 位存入 CH 中。已知 32 位数存放在 DX：AX 中。

4. 程序设计

汇编程序设计循环结构有两种，如图 3.2.1 所示。当循环次数已知时，可用 LOOP 指令来构造循环；当循环次数未知或不定时，则可用条件跳转指令来构成循环结构。

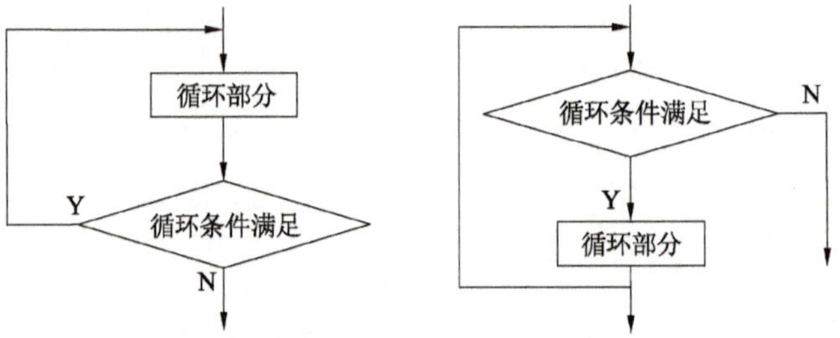

(a) 用LOOP指令构造循环　　(b) 用条件跳转指令构成循环

图 3.2.1　两种循环结构

程序清单框架如下：

```
SSTACK      SEGMENT STACK
            DB 100 DUP(?)
SSTACK ENDS
DATA        SEGMENT
      …
      …
DATA        ENDS
CODE        SEGMENT
MAIN        PROC      FAR
            ASSUME  CS:CODE,DS:DATA,SS: SSTACK
START:      PUSH  DS
            XOR     AX,AX
            PUSH    AX
            MOV     AX,DATA
            MOV     DS,AX
            …
            …
            RET
MAIN        ENDP
CODE        ENDS
            END     START
```

1) 数组分组程序实现

数据段的内容含有预设的20个字节数据的数组(可正、可负)、20个字节正数组的存储空间、20个字节负数组的存储空间、1个字节存储统计的正数个数、1个字节存储统计的负数个数。

程序设计时取数指针可以用SI、DI、BX及指令LEA SI,BLOCK(BLOCK偏移地址取到SI中)。判数一个数是正数还是负数,可以通过判别该数最高位为1还是为0:如果为1,则为负数;反之,则为正数。

实验结果:记录数据段存放的原始数据和程序执行结果数据,将其填入表3.2.1中,并标注其中哪些是定义的已知数、正数组、正数个数、负数组、负数个数。

表 3.2.1　实验数据记录

DS:0000H																
DS:0010H																
DS:0020H																
DS:0030H																

2) 数字移位程序实现

已知32位数已经存放在DX:AX中,即DX存放高字节,AX存放低字节。

左移4位实现思想:把寄存器CH:DX:AX组成(40位数)内容先左移1位,再通过循环指令执行移位4次。此过程会用到逻辑左移指令和带进位位的循环左移指令。

CH:DX:AX组成(40位数)左移1位实现:先执行AX逻辑左移1位,最高位移入CF,再执行DX带进位左移1位,最后执行CH带进位左移1位。

逻辑左移指令: SHL OPRD,CNT。

带进位位的循环左移指令:RCL OPRD,CNT。

实验结果:记录程序运行前设定CH、DX、AX各寄存器的内容及程序运行后CH、DX、AX各寄存器的内容,并分析其正确性。

5. 实验步骤

预习要求:课前认真编写好实验程序,并结合本章实验一写好上机操作步骤及测试数据。实验上机,进行建立源程序、汇编、连接并调试运行程序,验证其正确性。

(1) 设置仿真环境,编写输入程序,编译无误后,连接装载入模拟系统。

(2) 进入调试,把光标放置在程序最后一条可执行语句处,用“运行至光标处”运行程序;或在该行设置断点采用“断点运行”运行程序。

(3) 查看相关特殊功能寄存器及数据段存贮单元的内容,分析其正确性。若不正确,可用调试手段(单步、断点等)排查问题位置,修改源程序。若正确,请记录实验数据。

6. 实验报告及思考题

(1) 画出程序流程图,写出源程序清单。

(2) 说明调试所遇到的问题是如何解决的。

(3) 记录数据段存放的原始数据和程序执行结束后的数据(观察地址指针、计数器变化),并对问题和执行结果进行分析。

(4) 设数据段中 DATA1 和 DATA2 分别是数组 A 及数组 B 的起始地址,其元素分别由 5 个无符号单字节组成,编写程序,求两数组对应元素的和(设和存放在 SUM 为起始地址的存储单元中)。

实验三

程序设计及调试（二）——查表、子程序程序设计

1. 实验目的

学习子程序的定义和调用方法，掌握查表、子程序程序设计。

2. 实验设备

PC计算机（安装星研集成环境软件）一台。

3. 实验内容

（1）编写程序，通过查表的方法实现一字节数（十六进制数）转换为相应的ASCII码。

（2）利用子程序结构编程，求10个无符号数（字节）序列中的最大值和最小值。

4. 程序设计

1）用查表法实现字节换码

设变量HEX存放要转换的十六进制数，变量ASCH、ASCL分别存放高、低位转换的ASCII码。建立表格，其中0～9的ASCII码为30H～39H，A～F的ASCII码为41H～46H。当给定一个要转换的十六进制数时，就可以快速的在表格中找到相应的ASCII码。

换码（查表）指令XLAT

格式：XLAT

说明：用BX的内容代表表格首地址，AL内容为表内位移量，BX＋AL得到要查找元素的偏移地址。

操作：将BX＋AL所指单元的内容送到AL。

要求通过软件调试界面修改HEX，多次运行程序，验证（验证3～5个数据）程序的正确性，将实验数据填入表3.3.1。

表 3.3.1　实验数据记录

HEX	ASCH	ASCL

2）用子程序结构编程求最值

设BH和BL暂存现行的最大值和最小值，开始时初始化成首字节的内容，然后进入循环操作，从字节序列中逐个取出一个字节的内容与BH和BL相比较。若取出的字节内容比BH的内容大或比BL的内容小，则修改。当循环操作结束时，将BH送AH，将BL送AL，作为返回值，同时恢复BX原来的内容。AH中为最大值，AL中为最小值。

程序参考流程如图3.3.1所示。

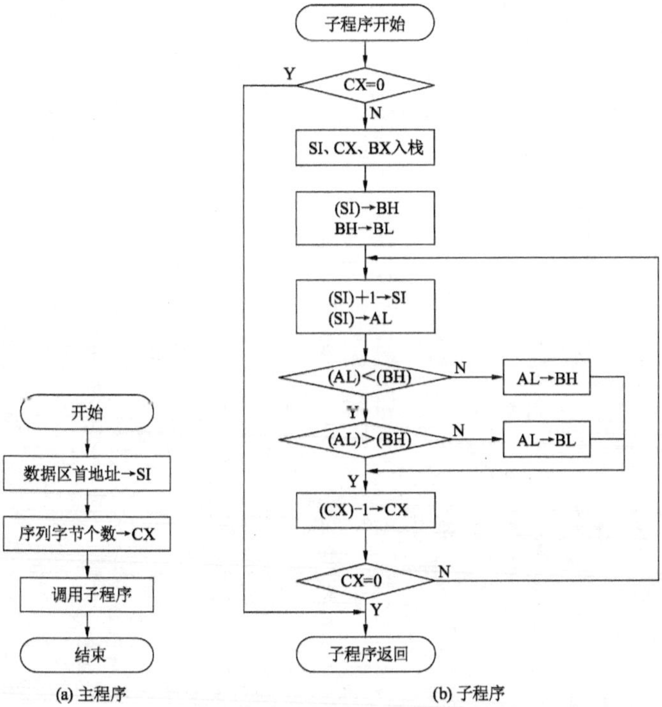

图 3.3.1　程序参考流程

5. 实验步骤

（1）设置仿真环境，编写输入程序，编译无误后，连接装载入模拟系统。

（2）进入调试，把光标放置在程序最后一行可执行语句处，用“运行至光标处”运行程序；或在改行设置断点采用“断点运行”运行程序。

（3）观察寄存器窗口、数据段中的值。

（4）反复测试几组数据，检验程序的正确性。

6. 实验报告及思考题

（1）画出程序框图，写出源程序清单。

（2）说明调试所遇到的问题是如何解决的。

（3）记录数据段存放的原始数据和程序执行结束后的数据（观察地址指针、计数器变化），并对问题和执行结果进行分析。

（4）将一个五位十进制数转换为二进制数（十六位）时，这个十进制数最小可为多少，最大可为多少？为什么？

实验四

中断控制器 8259A 应用

1. 实验目的

（1）了解 8259A 的内部结构、工作原理，8259A 与 8086 的接口逻辑。

（2）了解可屏蔽中断的响应和处理过程；掌握对 8259A 的初始化编程方法及 8259A 中断控制器的使用。

（3）学习中断服务程序的编制。

2. 实验设备

PC 计算机（安装星研集成环境软件）一台、SUN ES86PCIU＋实验系统一套（实验仪主机、EMU86 仿真模块、加配 USB 仿真功能）及导线若干。

3. 实验内容

使用 8259A 中的 IR1 中断、单脉冲信号模拟外部中断信号，要求每一个单脉冲信号能显示一个字符“M”，共相应进行 10 次后结束程序。

4. 实验原理

1）8259A 控制器的功能和内部结构

中断控制器 8259A 是 Intel 公司专为控制优先级中断而设计开发的芯片。它将中断源优先级排队、辨别中断源及提供中断矢量的电路集成在一片芯片中，无需附加任何电路，只需对 8259A 进行编程，就可以管理 8 级中断，并选择优先模式和中断请求方式，即中断结构可以由用户编程来设定。同时，多片 8259A 的级连能构成多达 64 级的矢量中断系统。

8259A 的管理功能包括：① 记录各级中断源请求；② 判别优先级，确定是否响应和响应哪一级中断；③ 响应中断时，向 CPU 传送中断类型号。

8259A 的内部结构和引脚如图 3.4.1 所示。

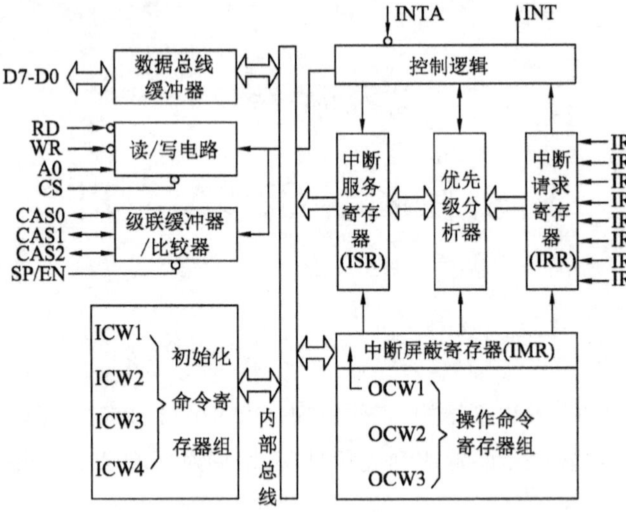

(a) 内部结构

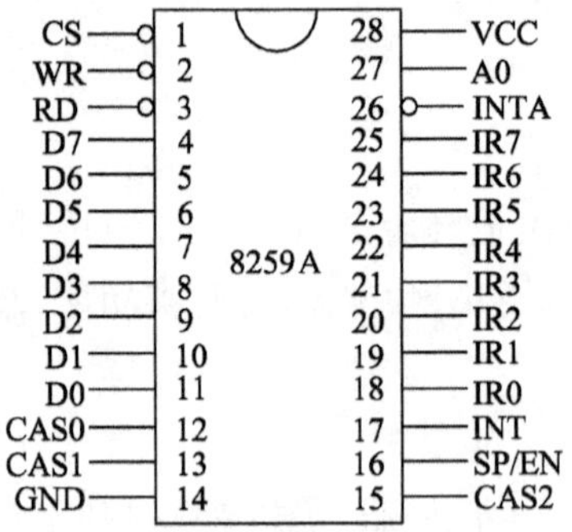

(b) 引脚

图 3.4.1 8259A 的内部结构和引脚

2) 8259A 命令字

使用 8259A 进行中断控制时,CPU 通过 OUT 指令向 8259A 内部寄存器写入相应的命令字,8259A 按命令字指定的方式工作。

8259A 的命令共有 7 个,一类是初始化命令字,另一类是操作命令。8259A 的编程就是根据应用需要将初始化命令字 ICW1～ICW4 和操作命令字 OCW1～OCW3 分别写入初始化命令寄存器组和操作命令寄存器组。ICW1～ICW4 一旦写入,工作过程中不再改变。OCW1～OCW3 可多次改写。

ICW1～ICW4 的命令字格式见表 3.4.1—表 3.4.5。

表 3.4.1 ICW1 格式

D7	D6	D5	D4	D3	D2	D1	D0
×	×	×	1	LTIM	×	SNGL	IC4

LTIM(中断触发方式):LTIM=1,高电平触发;LTIM=0,上升沿触发(系统采用)。

SNGL(系统使用单片还是多片 8259A):SNGL=1,单片(系统采用);SNGL=0,多片(级联)。

IC4(是否写入 ICW4):IC4=1,写(系统采用);IC4=0,不写。

表 3.4.2 ICW2 格式

D7	D6	D5	D4	D3	D2	D1	D0
T7	T6	T5	T4	T3	0	0	0

T7～T3 为中断类型码的高 5 位。ICW2 值(中断类型码基值)必须是能被 8 整除的值,即其低 3 位必须为 0。

表 3.4.3 ICW3 主片格式

D7	D6	D5	D4	D3	D2	D1	D0
S7	S6	S5	S4	S3	S2	S1	S0

S7～S0 表示相应的 IR7～IR0 中断请求输入端有无从片:S7～S0=1,有从片接入;S7～S0=0,没有从片接入。

表 3.4.4 ICW3 从片格式

D7	D6	D5	D4	D3	D2	D1	D0
0	0	0	0	0	ID2	ID1	ID0

ID2～ID0 为从片的识别码,表示该从片接在主 8259A 的哪个 IR 中断端。

表 3.4.5 ICW4 格式

D7	D6	D5	D4	D3	D2	D1	D0
0	0	0	SFNM	BUF	M/S	AEOI	μPM

SFNM(嵌套方式):SFNM=0,正常全嵌套方式;SFNM=1,特殊全嵌套方式。

BUF、M/S 配合使用:BUF=0,M/S 无作用,为非缓冲方式;BUF=1,为缓冲方式，表示 8259A 和系统数据总线有缓冲器连接，此时 M/S=0，表示从片 8259A，M/S=1，表示主片 8259A。

AEOI(是否自动结束中断)：AEOI=0，正常非自动结束中断；AEOI=1，自动结束中断。

μPM(工作系统)：μPM=0，工作系统为 8080/8085；μPM=1，工作系统为 8086/8088。

OCW1～OCW3 的命令字格式见表 3.4.6 至表 3.4.9，其中 OCW1 用于设置中断屏蔽操作字，OCW2 用于设置优先级循环方式和中断结束方式的操作命令字，OCW3 用于设置和撤销特殊屏蔽方式、中断查询方式及对 8259 内部寄存器的读出命令。

表 3.4.6 OCW1 格式

D7	D6	D5	D4	D3	D2	D1	D0
M7	M6	M5	M4	M3	M2	M1	M0

M7～M0：=0，允许对应 IRi 中断请求；M7～M0：=1，屏蔽对应 IRi 中断请求。

表 3.4.7 OCW2 格式

D7	D6	D5	D4	D3	D2	D1	D0
R	SL	EOI	0	0	L2	L1	L0

R(中断排队循环)：R=0，非循环；R=1，优先级循环。

SL(决定 L2～L0 有效)：SL=0，无效；SL=1，有效。

EOI(中断结束命令)：EOI=1，复位当前中断服务寄存器 ISR 相应位。如果在 ICW4 中设置了 AEOI=0(正常中断结束方式)，则需要在中断服务程序的 IRET 返回指令前写一条 OCW2，使 EOI=1。

L2～L0：当设置特殊优先级循环方式时，L2～L0 指明开始最低优先级编码；当设置特殊中断命令结束时，L2～L0 指明要清除当前服务寄存器哪一位。OCW2 功能见表 3.4.8。

表 3.4.8 OCW2 功能表

R	SL	EOI	L2～L0 作用	操作
0	0	0	无	完全嵌套方式的设置
0	0	1	无	结束命令，完全嵌套方式的中断结束

续表

R	SL	EOI	L2～L0 作用	操作
0	1	0	无	无操作
0	1	1	有	结束命令,完全嵌套方式对 ISR 中指定位中断结束
1	0	0	无	自动循环排序方式的设置
1	0	1	无	结束自动循环排序方式中的中断,优先级循环
1	1	0	有	指定最低级循环排序方式的设置
1	1	1	有	结束命令,结束中断,指定新的最低级

表 3.4.9 OCW3 格式

D7	D6	D5	D4	D3	D2	D1	D0
×	ESSM	SMM	0	1	P	RR	RIS

ESSM、SMM 配合使用:ESSM=0,SMM=×,无作用;ESSM=1,SMM=0,为禁止特殊屏蔽模式;ESSM=1,SMM=1,为使能特殊屏蔽模式。

P=1:工作在查询方式。

RR:RR=1,允许读中断请求寄存器 IRR;RIS=1,允许读中断服务寄存器 ISR。

3) 8259A 编程

在对 8259 进行编程时,首先必须进行初始化,一般先使用 CLI 指令将所有的可屏蔽中断禁止,然后写入初始化命令字。8259A 有一个状态机控制对寄存器的访问,不正确的初始化顺序会造成异常初始化。在初始化主片 8259A 时,写入初始化命令字的顺序是:ICW1,ICW2,ICW3,然后是 ICW4,初始化从片 8259A 的顺序与初始化主片 8259A 的顺序是相同的。

在硬件系统中,8259A 仅占用两个外设接口地址,在片选有效的情况下,利用 A0 来寻址不同的寄存器和命令字。对寄存器及命令的访问控制见表 3.4.10。

表 3.4.10 8259 寄存器及命令的访问控制

A0	D4	D3	读信号	写信号	片选	操作
0			0	1	0	读出 ISR,IRR 的内容
1			0	1	0	读出 IMR 的内容
0	0	0	1	0	0	写入 OCW2

续表

A0	D4	D3	读信号	写信号	片选	操作
0	0	1	1	0	0	写入 OCW3
0	1	×	1	0	0	写入 ICW1
1	×	×	1	0	0	写入 OCW1、ICW2、ICW3、ICW4

5. 实验电路

实验系统连线位置示意图如图 3.4.2 所示，图中圈中部分为 8259A 实验相关部分。

A3 区包括系统总线(地址线:JP28、JP29、JP32、JP33;数据总线:JP39～JP42，JP45～JP48;控制线)和片选区，详见章节第 1 章实验二说明及表 1.2.1。

B3 区 8259 电路如图 3.4.3 所示，图中粗线为实验中需要连线的部分。CS:片选信号，低电平有效;A0:地址信号;INR0～INR7:中断输入;INTA:中断响应。

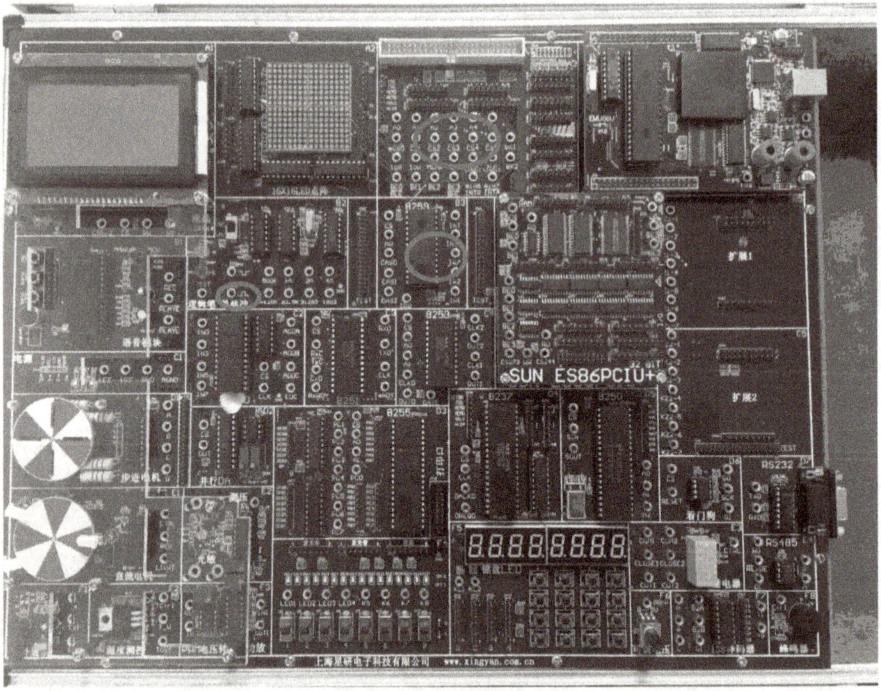

图 3.4.2 连线位置示意图

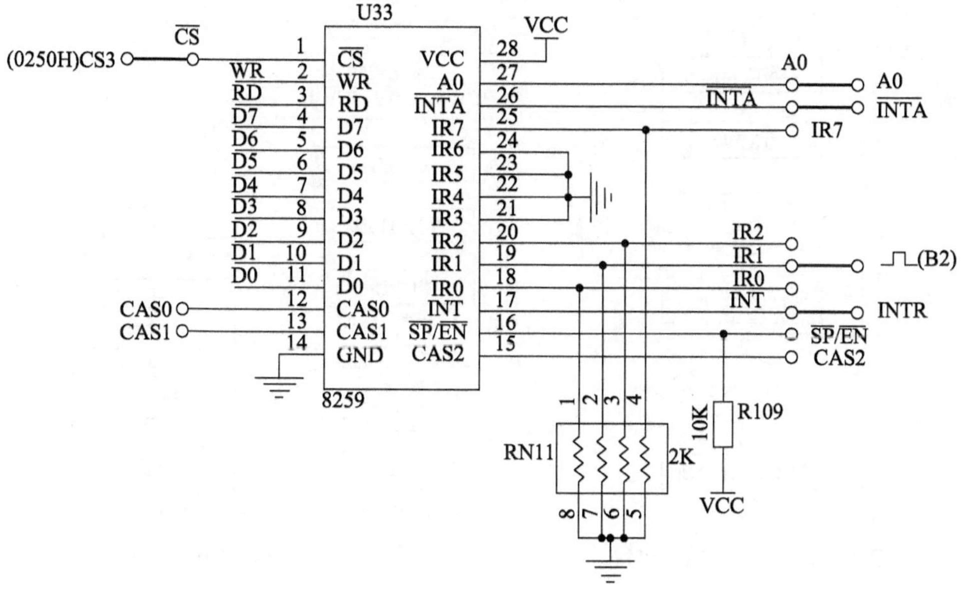

图 3.4.3　B3 区 8259A 电路

6. 程序设计

图 3.4.4 为 8259A 初始化流程，图 3.4.5a 和图 3.4.5b 分别为主程序流程及中断服务程序流程。命令字地址要求：ICW1、OCW2、OCW3 必须写入偶地址端口 0250H、ICW2～ICW4、OCW1 必须写入奇地址端口 0251H。

系统约定采用 ICW2＝00001000B（定义类型码高 5 位 T7～T3 为 00001，低 3 位由引入中断请求的引脚 IR0～IR7 决定，IR0～IR7 分别对应 000～111），实验用 IR1 中断，中断类型码为 n＝9。

中断服务程序的入口地址都放在中断向量表中，首先需将类型码转换为向量地址 4×n，地址 4n、4n＋1 中存放中断服务程序的偏移地址 IP；地址 4n＋2 和 4n＋3 中存放中断服务程序的段基址 CS；由 CS：IP 构成中断服务程序定位地址可转入相应中断服务程序执行。实验 IR1 中断程序入口地址在 IVT 中的存放位置为 00036～00039。

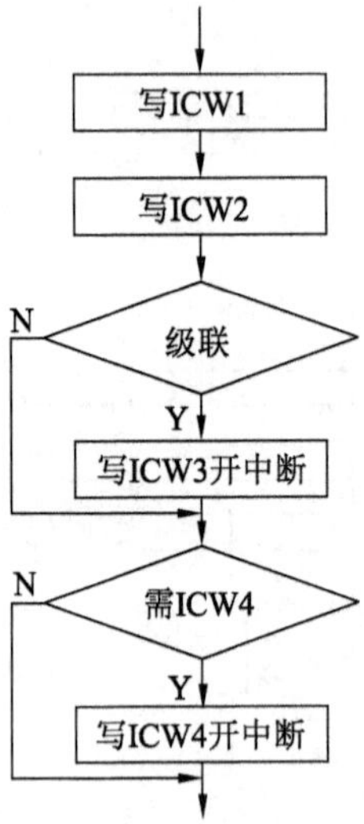

图 3.4.4　8259 初始化流程

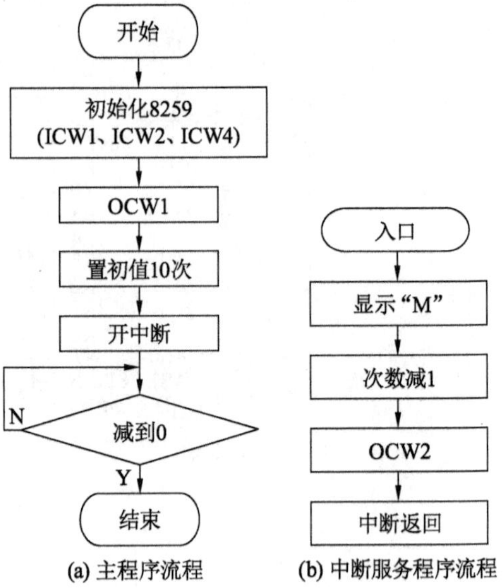

图 3.4.5　程序流程

程序清单框架如下：

```
SSTACK  SEGMENT STACK
        DB 100 DUP(?)
SSTACK  ENDS
CSEG    SEGMENT
        ASSUME    CS:CSEG, SS:SSTACK
START:  XOR      AX,AX
        MOV  DS,AX
        LEA  AX,IRQ1
        MOV  DS:0024H,AX
      MOV    AX,CS
      MOV    DS:0026H,AX
          …
          …
      RET
IRQ1:     …
          …
```

```
        IRET
CSEG    ENDS
        END   START
```

通过输入/输出指令与外设进行数据交换，有直接、间接两种寻址方式。对大于 0FFH 的端口只能采用间接寻址方式。

① 直接寻址方式。

例：MOV AL,0FFH

　OUT 20H,AL

② 间接寻址方式。

例：MOV DX,0250H

　MOV AL,0FFH

　OUT DX,AL

③ 清屏。

MOV AH,0

INT 10H

④ 显示 M 字符(输出一字符到信息窗的 Dos 标签中)。

MOV　DL,'M'

MOV　AH,02H

INT　21H

系统功能调用详见附录 A。

7. 实验步骤

(1) 接线说明。

B3 区：CS，A0——A3 区：CS3，A0；

B3 区：INT，INTA——A3 区：INTR，INTA；

B3 区：IR1——B2 区：单脉冲⎍。

(2) 实验系统与计算机通过 USB 线正确相连。

(3) 打开实验仪电源开关，启动星研软件，设置仿真器如图 3.4.6 所示；设置缺省项目如图 3.4.7 所示，仿真 CPU 为 USB_80×86(EMU86)，再单击【下一步】选择语言，选择编译连接控制项(选择默认，一般不要修改)；设置通信，选中 USB，如图 3.4.8 所示。

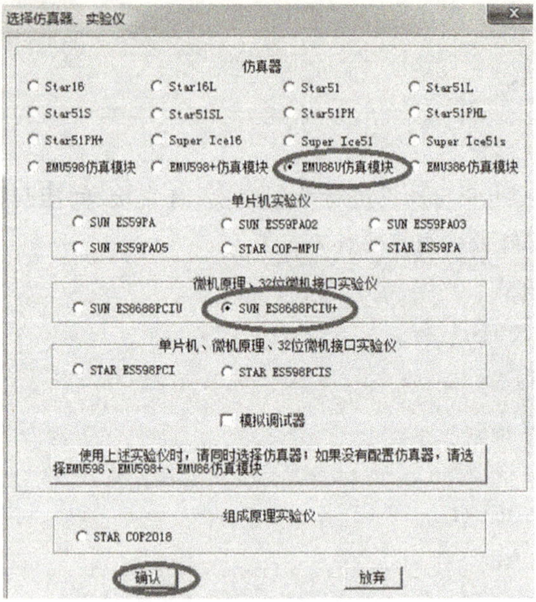

图 3.4.6 设置仿真器

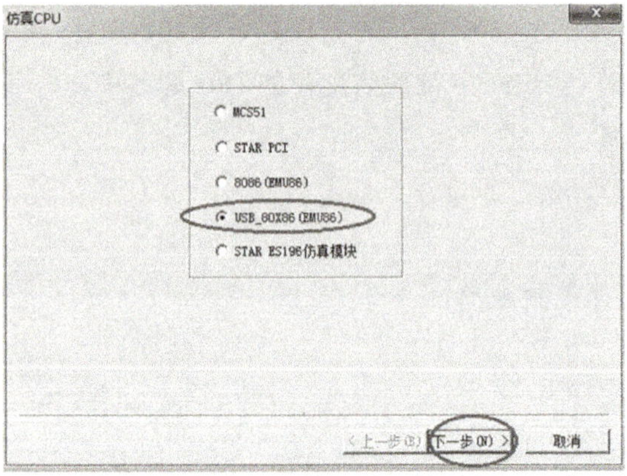

图 3.4.7 设置仿真 CPU

图 3.4.8 设置通信

(4) 建立源程序、编译、连接，确保语法正确。

(5) 进入调试状态，若出现如图 3.4.9 所示联机失败提示，请关闭实验仪电源，检查 USB 通信线是否接好，然后再次打开实验仪电源，并点击重试按钮。

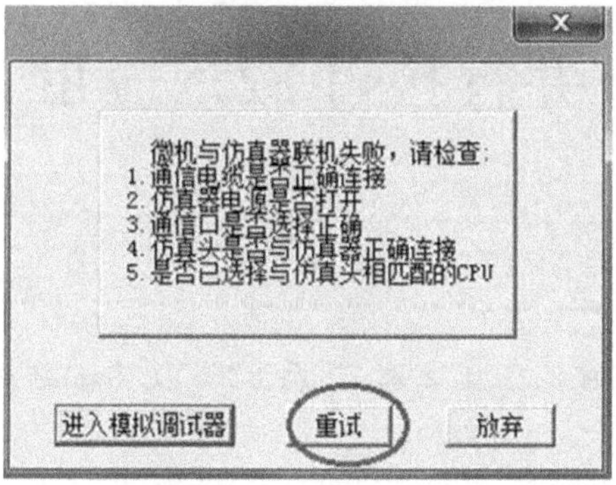

图 3.4.9　联机失败提示

(6) 打开信息窗，调到“DOS”标签项（显示字符），如图 3.4.10 所示。

(7) 采用断点运行或运行至光标处运行程序。上下拨动单脉冲开关，产生一个正脉冲信号“⎍”，在“DOS”观察窗观察到“M”字符如图 3.4.10 所示。

(8) 单击或“ESC”，停止程序运行。

图 3.4.10　实验结果

8. 实验报告及思考题

(1) 画出程序框图，写出源程序清单。

(2) 实验接线，简要说明工作原理。

(3) 说明调试所遇到的问题是如何解决的。

(4) 思考中断服务程序对所使用的地址指针有何要求？如何设置？

(5) 设计把 8 个电平开关模拟为输入设备，用单脉冲模拟输入设备的输入，准备好信号，采用中断方式把数据输入到内存缓冲区，输入 10 个数据后程序退出，并在“Memory”窗口观察输入结果。要求描述设计的实验方案、硬件连线及程序。

实验五

并行接口 8255 应用

1. 实验目的

(1) 了解 8255 芯片的工作原理，熟悉 8255 的内部结构及其与 8086 的接口逻辑。

(2) 掌握 8255 的初始化编程方法及输入、输出程序设计技巧，学会使用 8255 并行接口芯片实现各种控制功能。

2. 实验设备

PC 计算机(安装星研集成环境软件)一台、SUN ES86PCIU＋实验系统一套(实验仪主机、EMU86 仿真模块、加配 USB 仿真功能)及导线若干。

3. 实验内容

以 8255 的 B 口为输入，A 口为输出，输入与输出分别用开关及发光二极管代表，要求：当输入不全为 0 时，输入与输出保持一致；当输入全为 0 时，A 口输出发光二极管闪烁报警信号。

4. 实验原理

1) 8255 可编程并行 I/O 接口的功能和内部结构

8255 可编程接口芯片是 Intel 公司生产的通用并行 I/O 接口芯片，它具有 A、B、C 3 个并行接口，用＋5 V 单电源供电，能在 3 种方式下工作：方式 0 为基本输入/出方式；方式 1 为选通输入/输出方式；方式 2 为双向选通工作方式。

8255 的内部结构及引脚如图 3.5.1 所示。

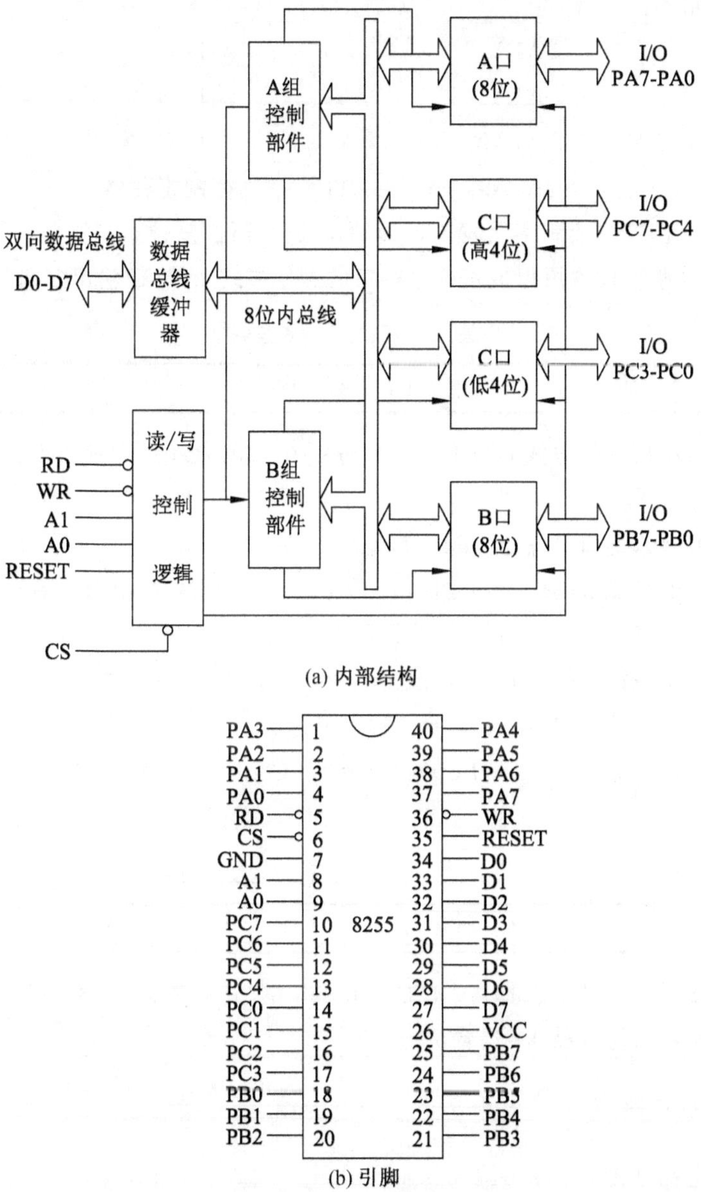

图3.5.1 8255的内部结构及引脚

2）8255的编程

8255是可以用程序设定或改变其工作方式的，CPU通过它与外设连接。

8255有3个8位的并行口，端口既可以编程为普通I/O接口，也可以编程为选通I/O接口和双向传输口。其中，端口地址取决于片选CS和A1、A0。

选择如下：

A1A0	00	端口 A
A1A0	01	端口 B
A1A0	10	端口 C
A1A0	11	控制寄存器

8255 工作方式控制字见表 3.5.1，C 口按位置位/复位控制字格式见表 3.5.2。8255 通过控制字设置可以规定各个端口的工作方式及输入/输出方向。

表 3.5.1 工作方式控制字

1	D6	D5	D4	D3	D2	D1	D0

D6D5（A 口工作方式）：D6D5＝00，方式 0；D6D5＝01，方式 1；D6D5＝1×，方式 2。

D4：D4＝0，端口 A 输出；D4＝1，端口 A 输入。

D3（定义 C 口的 PC7～PC4）：D3＝0，PC7～PC4 输出；D3＝1，PC7～PC4 输入。

D2（B 口工作方式）：D2＝0，方式 0；D2＝1，方式 1。

D1：D1＝0，端口 B 输出；D1＝1，端口 B 输入。

D0（定义 C 口的 PC3～PC0）：D0＝0，PC3～PC0 输出；D0＝1，PC3～PC0 输入。

表 3.5.2 C 口按位置位/复位控制字

0	×	×	×	D3	D2	D1	D0

D3D2D1（C 口位的选择）：C 口的 1 位～3 位，分别对应于 000～111。

D0：D0＝0，复位；D0＝1，置位。

5. 实验电路

实验电路如图 3.5.2～图 3.5.4 所示。

其中 F4 区：

① 发光管控制接口 JP18 和 JP19：0 表示灯亮，1 表示灯灭；

② 开关控制接口 JP27：0 信号表示闭合，1 信号表示断开。

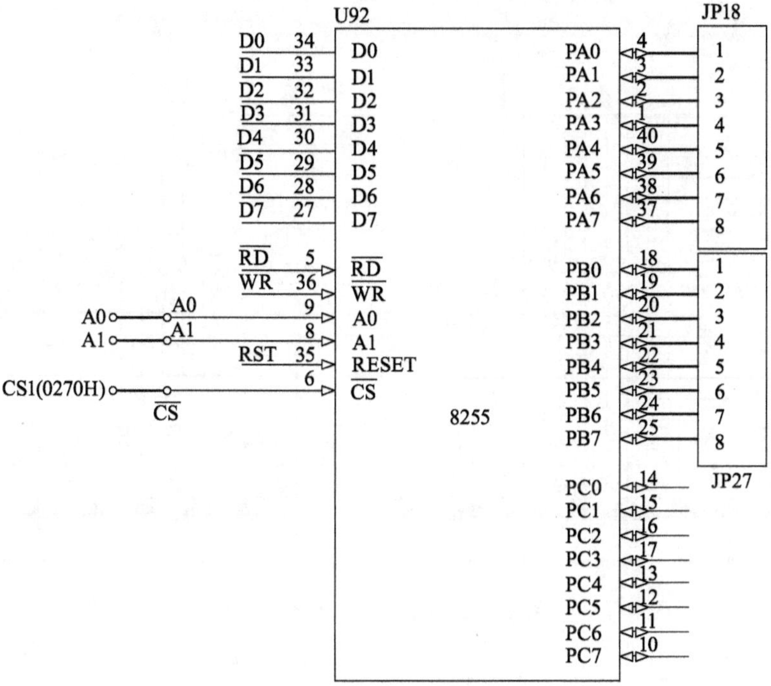

图 3.5.2　D3 区 8255 接口

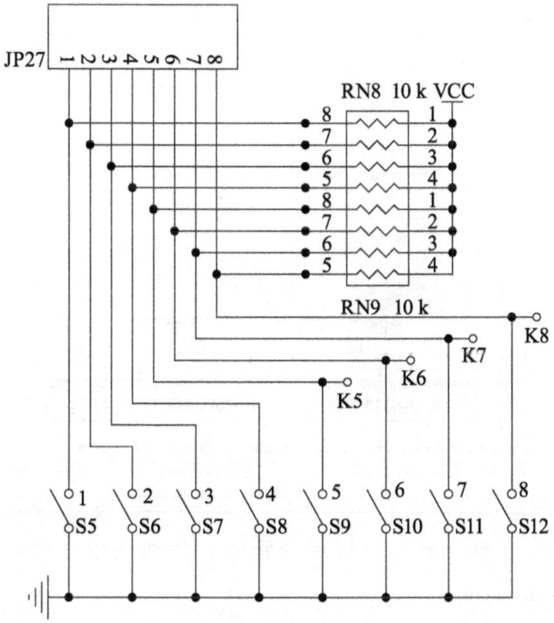

图 3.5.3　F4 区开关控制接口

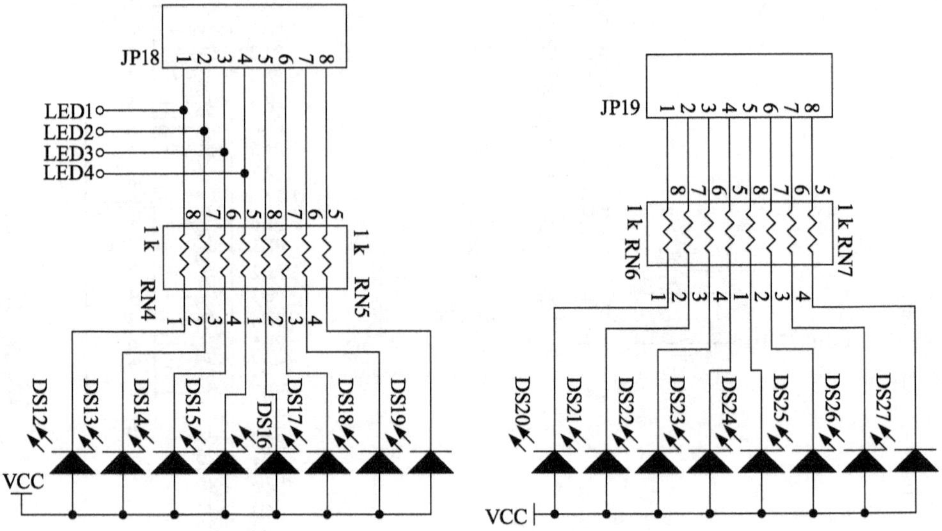

图 3.5.4　F4 区发光管控制接口

6. 程序设计

程序参考流程如图 3.5.5 所示。

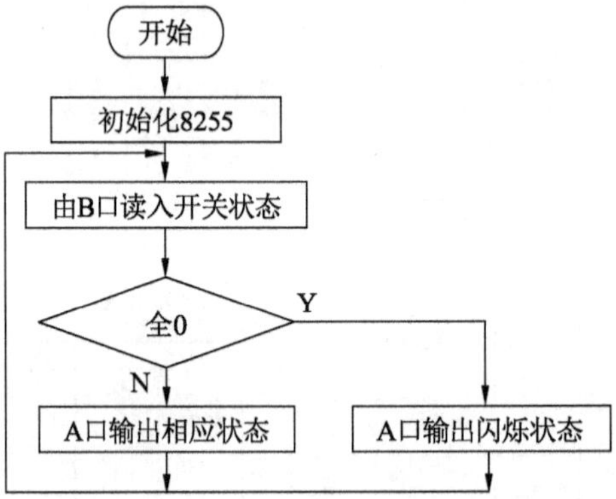

图 3.5.5　程序参考流程

闪烁编程思想:灯亮→延时→灯灭→延时。为达到较好的实验效果,可适当调节 LED 亮、灭的延时时间。

延时子程序如下：

```
DELAY：    MOV    BX,1000H
LT1：      MOV    CX,0FFFFH
LT：       LOOP   LT
           DEC BX
           JNZ LT1
           RET
```

试设计 1～2 种不同闪烁方式。

7. 实验步骤

(1) 接线说明。

D3 区：CS，A0，A1——A3 区：CS1，A0，A1；

D3 区：JP23(PA 口)——F4 区：JP18；

D3 区：JP20(PB 口)——F4 区：JP27；

PA 口、PB 口、控制口地址分别为 0270H、0271H、0273H。

(2) 通过 USB 线，实验系统与计算机正确相连，打开实验仪电源开关。

(3) 启动星研软件，设置仿真器、缺省项目、仿真 CPU、通信等。

(4) 建立源程序、编译、连接完成。

(5) 进入调试状态，用连续运行的方法运行程序，拨动开关并观察。

(6) 单击或“ESC”，停止程序运行。

8. 实验报告及思考题

(1) 画出程序框图，并写出源程序清单。

(2) 实验接线，简要说明工作原理。

(3) 说明调试所遇到的问题是如何解决的，并对执行结果进行分析。

(4) 设计不同闪烁形式的程序段。

(5) 设计使用 8255 的 A 口、B 口模拟十字路口交通灯的闪烁情况。要求：描述实验方案、连线及程序。

实验六

【微机原理及控制技术实验教程】

8255 键盘显示

1. 实验目的

(1) 进一步掌握 8255 的设计、编程方法。

(2) 掌握矩阵键盘的扫描方法及动态扫描数码管的方法。

2. 实验设备

PC 计算机(安装星研集成环境软件)一台,SUN ES86PCIU+实验系统一套(实验仪主机、EMU86 仿真模块、加配 USB 仿真功能)及导线若干。

3. 实验内容

实现用 8255 扫描键盘,如有按键,在数码管上显示键号。

4. 实验电路

实验电路如图 3.6.1 所示。

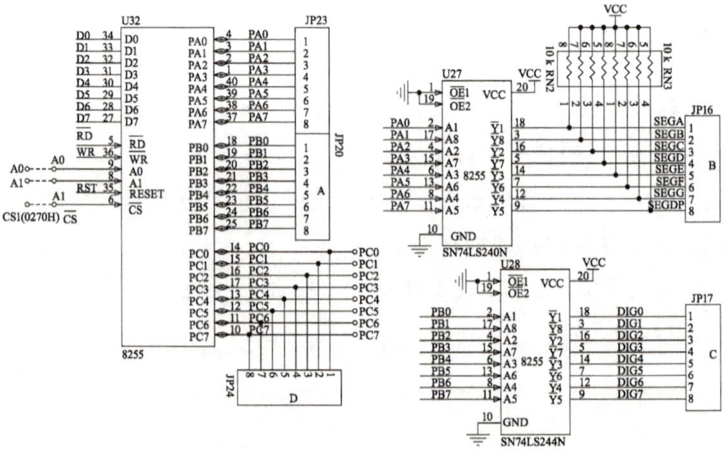

图 3.6.1　8255 键盘显示电路

5. 实验步骤

(1) 接线说明。

D3 区:CS,A0,A1——A3 区:CS1,A0,A1;

D3 区:PC0,PC1——F5 区:KL1,KL2;

D3 区:JP20(PB 口)——F5 区:A;

D3 区:JP16(B),JP17(C)——F5 区:B,C。

PA 口、PB 口、PC 口控制口地址分别为 0270H、0271H、0272H、0273H。

(2) 通过 USB 线实验系统与计算机正确相连,打开实验仪电源开关。

(3) 启动星研软件,设置仿真器、缺省项目、仿真 CPU、通信等。

(4) 建立源程序、编译、连接完成。

(5) 进入调试状态,用连续运行的方法运行程序。任意按下 F5 区 4×4 键盘的几个按键,上面的 8 个 LED 显示块会将按键的编码从左至右依次显示出来。

(6) 单击或“ESC”,停止程序运行。

6. 实验报告及思考题

(1) 画出程序框图,写出源程序清单。

(2) 实验接线,简要说明工作原理。

(3) 说明调试所遇到的问题是如何解决的,并对执行结果进行分析。

实验七

定时/计数器 8253 应用

1. 实验目的

(1) 了解 8253 的内部结构、工作原理及 8253 与 8086 的接口逻辑。

(2) 熟悉 8253 的控制寄存器和初始化编程方法，熟悉 8253 的 6 种工作模式。

2. 实验设备

PC 计算机(安装星研集成环境软件)一台、SUN ES86PCIU＋实验系统一套(实验仪主机、EMU86 仿真模块、加配 USB 仿真功能)及导线若干。

3. 实验内容

(1) 用 8253 作计数器，设定 8253 通道 2 为方式 0，用于事件计数；当计数值为 5 次，结束并回显“OK”(采用中断 IR7)。

(2) 使用 8253 的计数器 0 和计数器 1 实现对输入时钟频率的两级分频，得到一个周期为 1 秒的方波，用此方波控制蜂鸣器，发出报警信号，也可以将输入引脚接到逻辑笔上以检验程序是否正确。

4. 实验原理

1) 8253 定时/计数器的功能和内部结构

8253 内部有 3 个 16 位相互独立的计数器，每个计数器的内部结构相同，可通过编程设置为 6 种不同的工作方式；计数器预制时间常数可在计数过程中更改且被 CPU 读出。8253 内部结构框图如图 3.7.1 所示，内部计数器结构如图 3.7.2 所示。

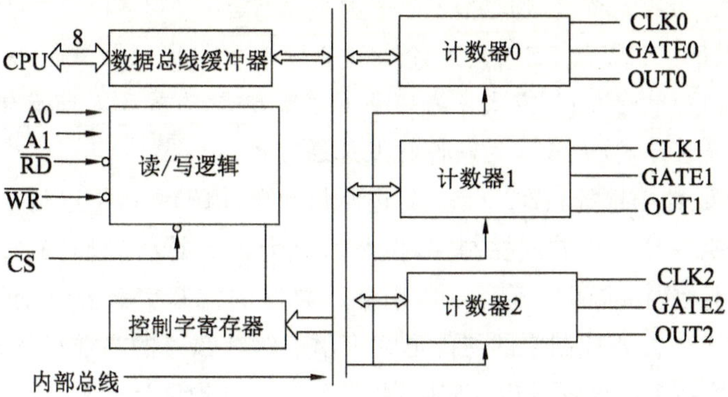

图 3.7.1　8253 内部结构框图

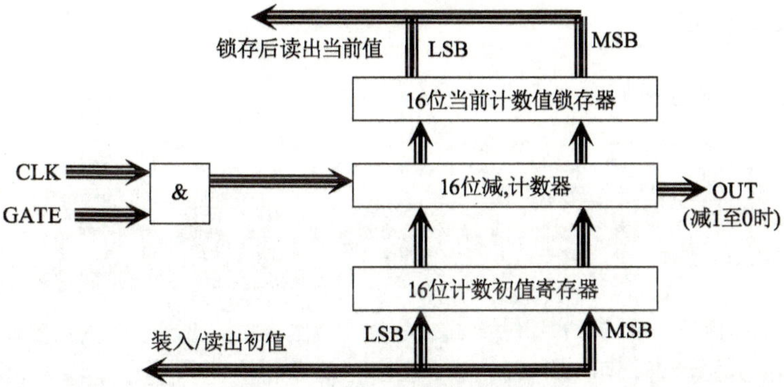

图 3.7.2　8253 内部计数器结构

2) 8253 编程

工作方式控制字见表 3.7.1。

表 3.7.1　工作方式控制字

D7	D6	D5	D4	D3	D2	D1	D0
SC1	SC0	RW1	RW0	M2	M1	M0	BCD

SC1～SC0(计数器选择):SC1SC0＝00,计数器 0;SC1SC0＝01,计数器 1;SC1SC0＝10,计数器 2。

RW1～RW0(读/写指示):RW1RW0＝00,锁存计数值(计数器锁存);RW1RW0＝01,只读/写低 8 位;RW1RW0＝10,只读/写高 8 位;RW1RW0＝11,先读/写低 8 位,再读/写高 8 位。

M2M1M0(工作方式选择):M2M1M0＝000,方式 0;M2M1M0＝001,方式 1;

M2M1M0＝010，方式2；M2M1M0＝011，方式3；M2M1M0＝100，方式4；M2M1M0＝101，方式5。方式0为计数到0后结束输出正跃变信号方式，方式1为硬件可重触发单稳方式，方式2为频率发生器方式，方式3为方波发生器，方式4为软件触发选通方式，方式5为硬件触发选通方式。

BCD(计数数码选择)：BCD＝0，二进制数计数；BCD＝1，十进制数计数。

8253只有一个工作方式控制字，但是对每个计数器，它们的工作方式控制字内容一定各不相同(前两位不同)，所用各计数器的控制字需要分别设置，先后不计。8253的工作方式控制字的特殊形式可用于对计数器的当前计数值进行锁存。在工作方式控制字被设置之后，必须紧接着给计数器设置计数初值，计数器方可开始工作。

5. 实验电路

连线位置示意图如图3.7.3所示。

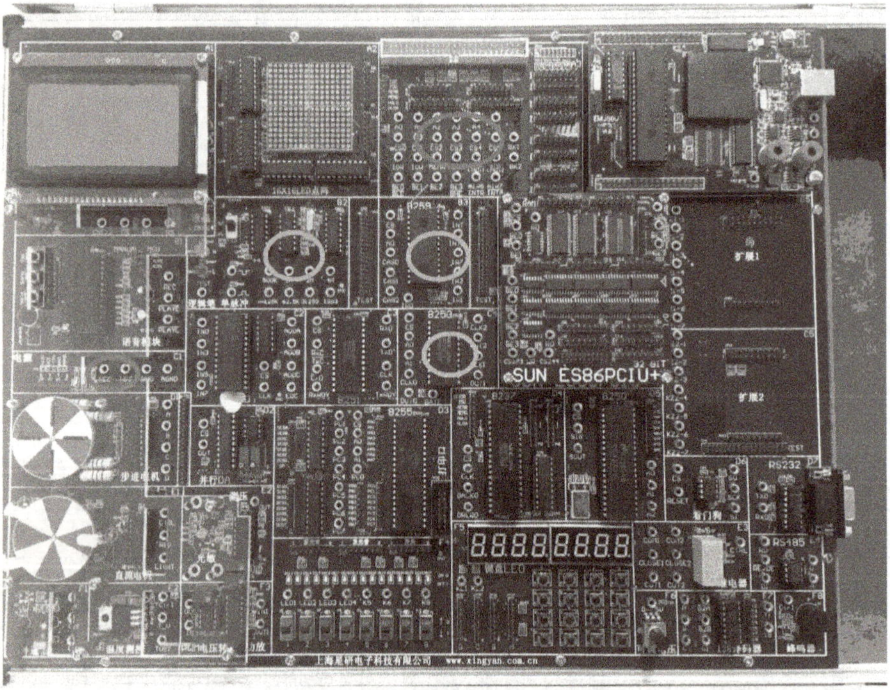

图3.7.3 连线位置示意图

实验内容(1)的接线如图3.7.4和3.7.5所示。实验内容(2)的接线如图3.7.6所示。

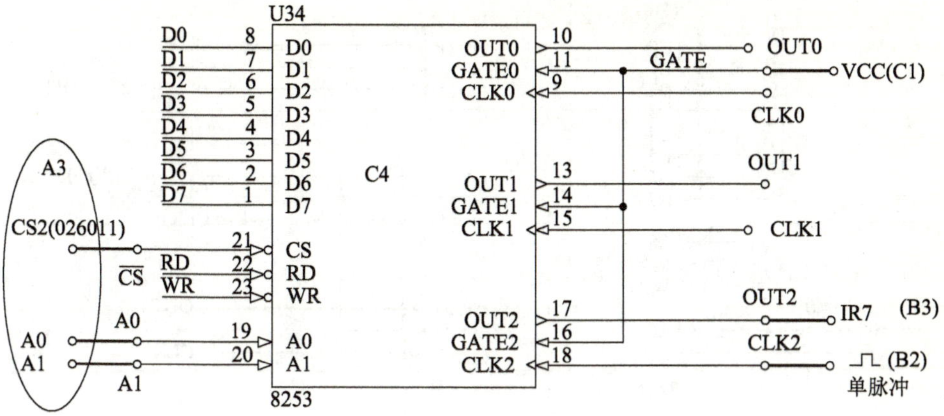

图 3.7.4 C4 区 8253 接线

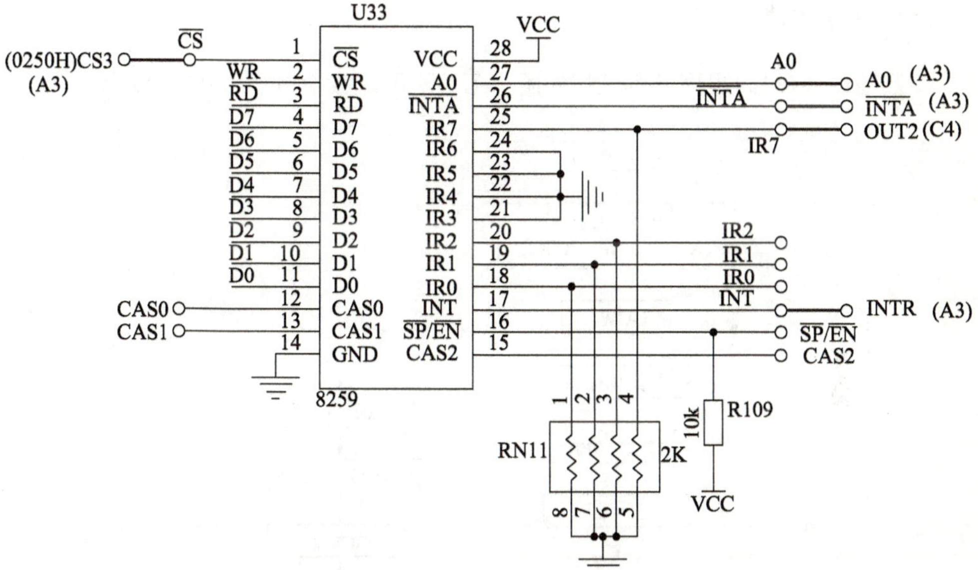

图 3.7.5 B3 区 8259 接线

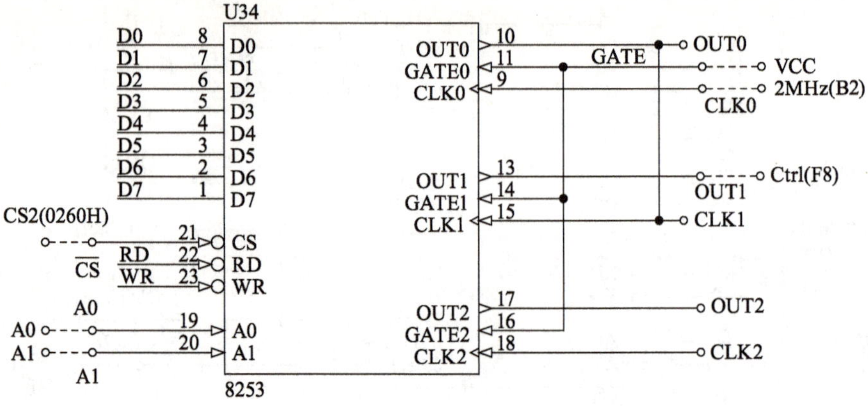

图 3.7.6　C4 区 8253 接线

6. 程序设计

实验内容(1)的程序参考流程如图 3.7.7 所示。实验内容(2)的程流程略。

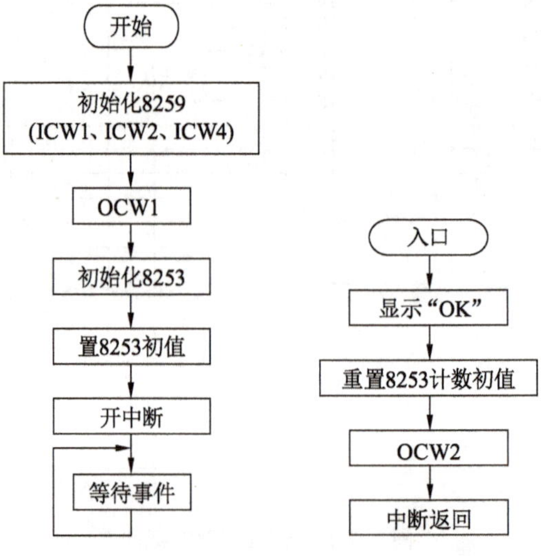

图 3.7.7　程序参考流程

7. 实验步骤

(1) 接线。

① 实验内容(1)。

B3 区:CS,A0——A3 区:CS3,A0;

B3 区:INT,INTA——A3 区:INTR,INTA;

B3 区:IR7——C4 区:OUT2;

C4 区:CS,A0,A1——A3 区:CS2,A0,A1;

C4 区:CLK2——B2 区:单脉冲;

C4 区:GATE——C1 区:VCC。

8253 控制口地址为 0263H,8259 控制口地址为 0250H。

② 实验内容(2)。

C4 区:CS,A0,A1——A3 区:CS2,A0,A1;

C4 区:CLK0——B2 区:2M;

C4 区:OUT0——C4 区:CLK1;

C4 区:OUT1——F8 区:Ctrl(蜂鸣器);

C4 区:GATE——C1 区:VCC。

8253 控制口地址为 0263H。

(2) 通过 USB 线将实验系统与计算机正确相连,然后打开实验仪电源开关。

(3) 启动星研软件,设置仿真器、缺省项目、仿真 CPU、通信等。

(4) 建立源程序、编译、连接完成。

(5) 进入调试状态,用连续运行的方法运行程序。

① 实验内容(1):按下拨动单脉冲开关,产生一个正脉冲信号⎍,当计数完毕时会在 DOS 观察窗观察到"OK",如此循环。

② 实验内容(2):蜂鸣器发出时有时无的声音;用逻辑笔测试蜂鸣器的输入端口,红、绿灯交替点亮。

(6) 单击或"ESC",停止程序运行。

8. 实验报告及思考题

(1) 画出程序框图,写出源程序清单。

(2) 实验接线,简要说明工作原理。

(3) 说明调试所遇到的问题是如何解决的,并对执行结果进行分析。

(4) 在将计数初值赋给 8253 后,需要马上就启动并进行定时或计数吗?为什么?

(5) 用 8253 作定时器,产生约 5 s 的输出信号中断请求输入,显示"M",重复 3 次,结束回显"OK"。要求:描述实验方案、连线及程序。

实验八

8251 可编程通信(与微机)

1. 实验目的

(1) 了解 8251 的内部结构、工作原理及其与 8086 的接口逻辑。

(2) 掌握对 8251 的初始化编程方法及使用 8251 实现设备之间的串行通信。

2. 实验设备

PC 计算机(安装星研集成环境软件)一台、SUN ES86PCIU＋实验系统一套(实验仪主机、EMU86 仿真模块、加配 USB 仿真功能)及导线若干。

3. 实验内容

编制程序,实现 8251 与 PC 机的串行通信,使用 8253 作分频器提供 8251 的收发时钟。从微机接收一批数据,接收完毕,再将它们回送给微机。

4. 实验原理

1) 8251 内部结构图

8251 的内部结构及外部引脚如图 3.8.1 所示。

8251 有 7 个主要部分,分别是数据总线缓冲器、读/写控制逻辑电路、调制/解调控制电路、发送缓冲器、发送控制电路、接收缓冲器和接收控制电路。

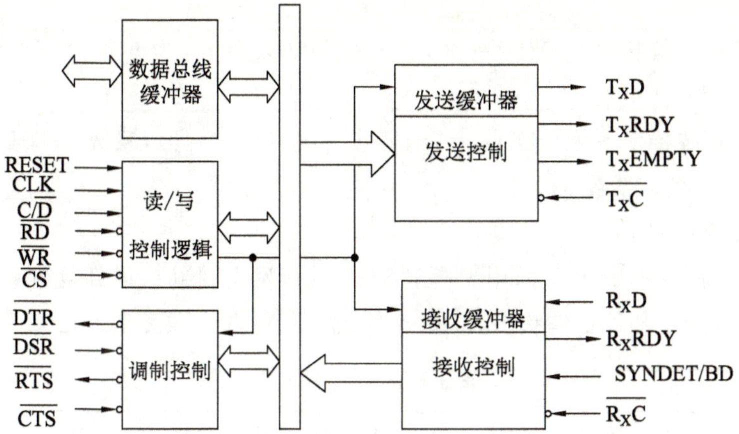

图 3.8.1 8251 的内部结构及外部引脚

8251 工作在异步方式下时，TXD 信号上的数据传输格式如图 3.8.2 所示。数据位与停止位的位数可以由编程指定。

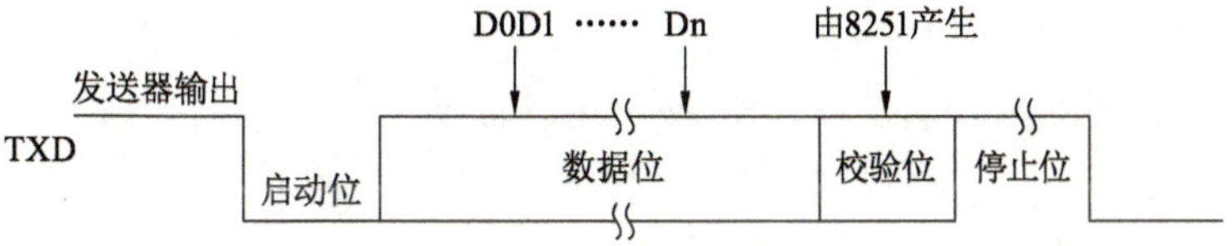

图 3.8.2 工作在异步方式下时 TXD 信号上的数据传输格式

2）8251 的编程

① 方式控制字。

方式控制字用来指定通信方式（异步还是同步）及其各方式下的数据格式（数据格式，传送速率），定义见表 3.8.1。

表 3.8.1 方式控制字

D7	D6	D5	D4	D3	D2	D1	D0
SCS/S2	ESD/S1	EP	PEN	L2	L1	B2	B1

SCS/S2、ESD/S1（同步/停止位）：同步当 D1D0＝00 时，D7D6＝×0 内同步，D7D6＝1 外同步；D7D6＝0× 双同步，D7D6＝1× 单同步；当异步 D1D0≠0 时，D7D6＝00 不用停止位，D7D6＝01 要 1 位停止位，D7D6＝10 要 1.5 位停止位，D7D6＝11 要 2 位停止位。

EP、PEN（奇偶校验）：D5D4＝×0，无校验；D5D4＝01，奇校验；D5D4＝11，偶

校验。

L2、L1(字符长度):D3D2=00,为 5 位;D3D2=01,为 6 位;D3D2=10,为 7 位;D3D2=11,为 8 位。

B2、B1(波特率系数):D1D0=00,同步方式;D1D0=01,系数 1;D1D0=10,系数 16;D1D0=11,系数 64。

② 命令控制字。

命令控制字见表 3.8.2,用于指定 8251 进行发送、接收、内部复位和检测同步字符操作或处于某种工作状态,以便接收或发送数据。

表 3.8.2 命令控制字

D7	D6	D5	D4	D3	D2	D1	D0
EH	IR	RTS	ER	SBRK	RxE	DTR	TxEN

EH(允许搜索):EH=1 有效。

IR(内部复位):IR=1 有效。

RTS(请求发送):RTS=1 有效。

ER(错误标志复位):ER=1,使 PE、OE、FE 复位。

SBRK(发送中止字符):SBRK=1,发送中止字符使 TXD 为低;SBRK=0,正常工作。

RxE(接收允许):RxE=1,允许接收;RxE=0,禁止接收。

DTR(数据终端准备好):DTR=1,已准备好;DTR=0,正常工作。

TxEN(发送允许):TxEN=1,允许发送;TxEN=0,禁止发送。

③ 状态字。

CPU 通过状态字来了解 8251 当前的工作状态,见表 3.8.3,以决定下一步的操作。

表 3.8.3 8251 状态字

D7	D6	D5	D4	D3	D2	D1	D0
DSR	SYNDET	FE	OE	PE	TxE	RxRDY	TxRDY

DSR(数据装置就绪):DSR=1,就绪。

SYNDET(同步检测):SYNDET=1,同步。

FE(帧错误):仅用于异步方式,当在任一字符的结尾没有检测到有效的停止位时,该位置 1。

OE(溢出错误):OE=1,溢出错误(在下一个字符变为可用前,CPU 没有把字符读走)。

PE(奇偶错误):PE=1,检测到奇偶错误。

TxE(发送器空):TxE=1,空。

RxRDY(接收就绪):RxRDY=1,表明接收到一个字符。

TxRDY(发送就绪):TxRDY=1,表明发送缓冲器空。

④ 系统初始化。

8251 初始化流程如图 3.8.3 所示。

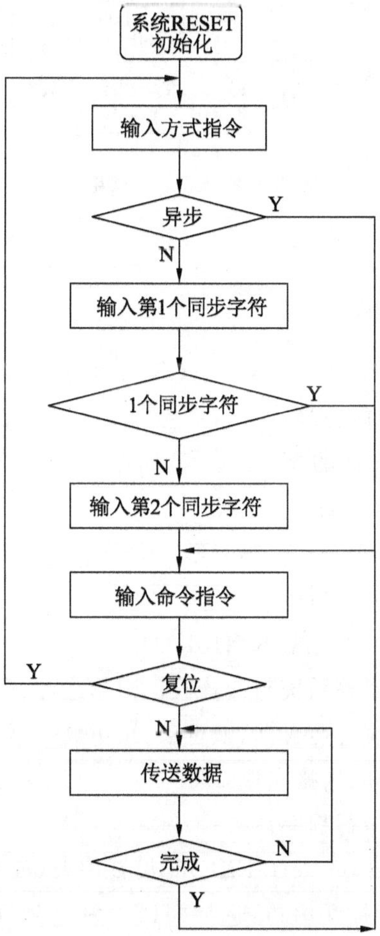

图 3.8.3　8251 初始化流程

5. 实验电路

实验电路如图 3.8.4 所示。

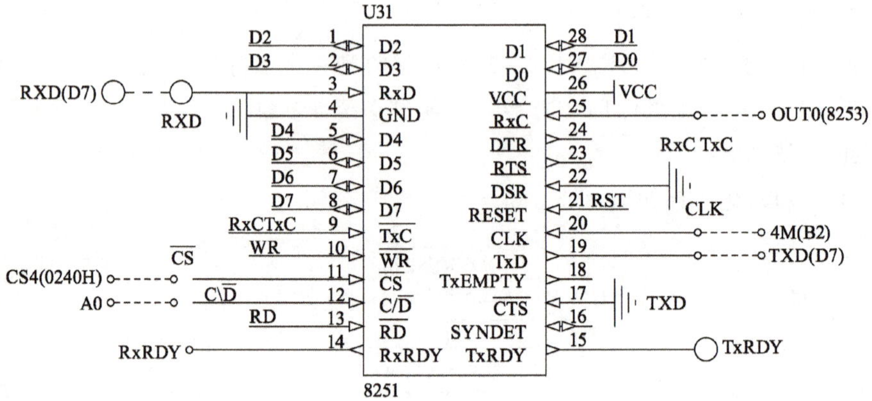

图 3.8.4　C3 区实验电路

6. 实验步骤

(1) 接线。

C4 区：CS(8253)，A0，A1——A3 区：CS2，A0，A1；

C4 区：CLK0——B2 区：2M；

C4 区：GATE——C1 区的 VCC；

C4 区：OUT0——C3 区：RxC，TxC；

C3 区：CS(8251)，C/D——A3 区：CS4，A0；

C3 区：CLK——B2 区：4M；

C3 区：RXD，TXD——D7 区：RXD，TXD。

(2) 通过 USB 线将实验系统与计算机正确相连，然后打开实验仪电源开关。

(3) 启动星研软件，设置仿真器、缺省项目、仿真 CPU、通信等。

(4) 建立源程序、编译、连接完成。

(5) 进入调试状态，运行程序。

(6) 运行“串口助手(ComPort.EXE)”，设置串口(波特率 4 800 bps，8 个数据位，1 个停止位，偶校验)；打开串口，选择“HEX 发送”“HEX 显示”，向 8251 发送 10 个字节数据(输入数据之间用空格分隔)，观察是否能接收到 10 个字节数据，判断接收到的数据是否与发送数据一致。

(7) 改变传输数据的数目，重复实验，观察结果。

7. 程序设计

程序清单框架如下：

```
;使用 8253 的计数器 0,外接 2 MHz,经 26 分频后,送给 8251,产生 4 800 bps
    CTL_ADDR        EQU      0241H                  ;控制字或状态字
    DATA_ADDR       EQU      0240H                  ;读写数据
    W_8253_T0       EQU      0260H                  ;计数器 0 地址
    W_8253_C        EQU      0263H                  ;控制字
    _STACK          EGMENT     STACK
                    DW     100 DUP(?)
    _STACK          ENDS
    _DATA           SEGMENT   WORD PUBLIC 'DATA'
    Receive_Buffer  DB      10 DUP(0)               ;接收缓冲器
    Send_Buffer     EQU     Receive_Buffer          ;发送缓冲器
    _DATA           ENDS
    CODE            SEGMENT
    START           PROC      NEAR
                    ASSUME     CS:CODE, DS:_DATA, SS:_STACK
                    MOV     AX,_DATA
                    MOV     DS,AX
                    MOV     ES,AX
                    NOP
                    CALL      INIT_8253
                    CALL      INIT_8251
    START1:         MOV CX,10
                    CALL      Receive_Group
                    MOV CX,10
                    CALL      Send_Group
                    JMP START1
    INIT_8253         PROC      NEAR
                    MOV       DX,W_8253_C
```

```
                MOV     AL,37H          ;定时器 0,方式 3
                OUT     DX,AL
                MOV     DX,W_8253_T0
                MOV     AL,26H     ;BCD 码 26(2000000/26)=16 * 4 800
                OUT     DX,AL
                MOV AL,0
                OUT DX,AL
                RET
INIT_8253       ENDP
INIT_8251       PROC    NEAR
                CALL    RESET_8251
                MOV DX,CTL_ADDR
                MOV AL,7EH              ;波特率系数为 16,8 个数据位
                OUT DX,AL               ;1 个停止位,偶校验
                CALL    DLTIME          ;延时
                MOV AL,15H         ;允许接收和发送发送数据,清错误标志
                OUT DX,AL
                CALL    DLTIME
                RET
INIT_8251       ENDP
Reset_8251      PROC    NEAR
                MOV     DX,CTL_ADDR
                MOV     AL,0
                OUT     DX,AL           ;向控制口写入"0"
                CALL    DLTIME          ;延时,等待写操作完成
                OUT     DX,AL           ;向控制口写入"0"
                CALL    DLTIME          ;延时
                OUT     DX,AL           ;向控制口写入"0"
                CALL    DLTIME          ;延时
                MOV     AL,40H          ;向控制口写入复位字 40H
                OUT     DX,AL
```

```
                CALL      DLTIME
                RET
Reset_8251      ENDP
;接收一组数据,CX—接收数目
Receive_Group     PROC      NEAR
                LEA DI,Receive_Buffer
Receive_G1:     CALL      Receive_Byte
                STOSB
                LOOP      Receive_G1
                RET
Receive_Group   ENDP
;接收一个字节
Receive_Byte      PROC      NEAR
                MOV      DX,CTL_ADDR
Receive_B1:      IN      AL,DX                   ;读入状态
                TEST AL,2
                JZ   Receive_B1                  ;是否有数据吗
                MOV DX,DATA_ADDR              ;有
                IN   AL,DX
                RET
Receive_Byte      ENDP

;发送一组数据,CX—发送数目
Send_Group      PROC      NEAR
                LEA SI,Send_Buffer
Send_G1:        LODSB
                CALL      SendByte
                LOOP      Send_G1
                RET
Send_Group      ENDP
;发送一个字节
```

```
    SendByte    PROC    NEAR
                PUSH    AX
                MOV DX,CTL_ADDR         ;读入状态
    SendB1:     IN      AL,DX
                TEST    AL,1
                JZ      SendB1          ;是否允许数据发送
                POP AX                  ;发送
                MOV DX,DATA_ADDR
                OUT DX,AL
                RET
    SendByte    ENDP
;延时
    DLTIME      PROC    NEAR
                MOV CX,10
                LOOP    $
                RET
    DLTIME      ENDP
    START       ENDP
    CODE        ENDS
                END     START
```

8. 实验报告及思考题

(1) 画出程序框图。

(2) 实验接线,简要说明工作原理。

(3) 思考如何修改程序以实现 8251 的自发、自收功能。

实验九

【微机原理及控制技术实验教程】

8237 DMA 传输

1. 实验目的

(1) 了解8237的内部结构、工作原理及其与8086的接口逻辑。

(2) 掌握使用8237实现DMA传输数据的方法。

2. 实验设备

PC计算机(安装星研集成环境软件)一台、SUN ES86PCIU+实验系统一套(实验仪主机、EMU86仿真模块、加配USB仿真功能)及导线若干。

3. 实验内容

编制程序,将B4区SRAM中83000H～837FFH内数据通过DMA方式传输给86000H～867FFH,并对83000H～837FFH与86000H～867FFH作比较。

由于DMA传输期间,8237只能生成地址线A15～A0,故地址总线的高4位A19～A16由实验仪强制置位为“1000”,从而存贮器片选信号mCS1有效,选中B4区的16位SRAM。

4. 实验原理

1) 8237内部结构

8237内部结构如图3.9.1所示。8237有4个独立的数据传送通道,每个通道有64 KB寻址及计数能力,还可通过级联方式进行通道扩充;接收CPU对其进行初始化操作,输入命令字和传送参数,以实现级联和多种模式的操作,向CPU提供状态信息;能接收从外设发来的DMA请求信号,并向CPU发DREQ总线请求信号,接收CPU回送,让出总线控制权的回答HLDA,能向外设发出其对DMA请求的应答信号DACK3～0;允许I/O设备与存储器、存储器与存储器之间直接传送数据,传输速率为1.5 MB/s,能确定传送数据的字节数,判断DMA传送是否结束,并发出 DMA 操作的结束信号。

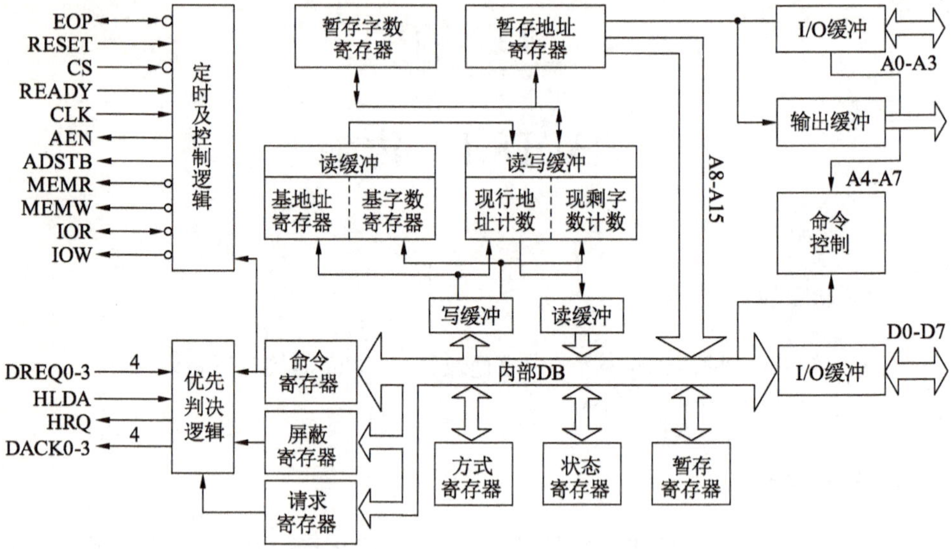

图 3.9.1 8237 内部结构

2) 8237 编程

8237 有 4 个独立的通道，每个通道均有 4 个寄存器——基地址、基字节计数器、当前地址、当前字节计数器，通过对命令、状态、屏蔽、请求、工作方式、暂存寄存器的初始化编程，可设定 8237 的 3 种 DMA 操作类型、3 种 DMA 操作方式、2 种工作时序、2 种优先权排队、自动予置传送地址和字节数、M 与 M 之间的数据传送。

初始化编程注意：通过命令寄存器将要编程的通道屏蔽，编程完成后再允许芯片工作；所有通道的方式字寄存器都要加载；在上电期间，要对 DMA 芯片进行检测。

① 命令字寄存器格式见表 3.9.1。

表 3.9.1 命令字寄存器格式

D7	D6	D5	D4	D3	D2	D1	D0

D7：D7=0，DACK 低电平有效；D7=1，DACK 高电平有效。

D6：D6=0，DREQ 高电平有效；D6=1，DREQ 低电平有效。

D5(写入选择)：D5=0，滞后写；D5=1，扩展写(与读同时)。

D4(优先级编码)：D4=0，固定优先级；D4=1，循环优先级。

D3(时序选择)：D3=0，正常标准时序；D3=1，压缩时序。

D2(工作允许):D2=0,允许 8237 工作;D2=1,禁止 8237 工作。

D1(通道口寻址):D1=0,通道口地址不保持;D1=1,通道口地址保持不变。

D0(存储器间传送):D0=0,禁止;D0=1,允许。

② 工作方式字寄存器格式见表 3.9.2。

表 3.9.2　工作方式字寄存器格式

D7	D6	D5	D4	D3	D2	D1	D0

D7～D6 通道传送方式:D7D6=00,请求传送;D7D6=01,单字节传送;D7D6=10,数据块传送;D7D6=11,级联传送。

D5 地址增减方式:D5=0,递增;D5=1,递减。

D4 自动预置:D4=0,非自动;D4=1,自动。

D3～D2(传送类型):D3D2=00,校验;D3D2=01,DMA 写;D3D2=10,DMA 读;D3D2=11,无意义。

D1～D0(通道选择):D1D0=00,通道 0;D1D0=01,通道 1;D1D0=10,通道 2;D1D0－11,通道 3。

③ 状态字寄存器格式见表 3.9.3。

表 3.9.3　状态字寄存器格式

D7	D6	D5	D4	D3	D2	D1	D0
通道 3	通道 2	通道 1	通道 0	通道 3	通道 2	通道 1	通道 0

D7～D4(对应通道请求服务):D7～D4=0,无未处理的 DMA 请求;D7～D4=1,有未处理的 DMA 请求。

D3～D0(对应通道过程结束):D3～D0=0,未收到终止计数信号;D3～D0=1,收到终止计数信号。

④ 请求字寄存器格式见表 3.9.4。

表 3.9.4　请求字寄存器格式

×	×	×	×	×	D2	D1	D0

D2(请求位):D2=0,无请求;D2=1,有请求。

D1～D0(通道选择):D1～D0=00,通道 0;D1～D0=01,通道 1;D1～D0=10,通道 2;D1～D0=11,通道 3。

⑤ 单个通道屏蔽字见表 3.9.5,每次只能屏蔽 1 个通道。4 个通道屏蔽字见

表 3.9.6，能同时屏蔽 4 个通道。

表 3.9.5 单个通道屏蔽字

×	×	×	×	×	D2	D1	D0

D2（屏蔽位）：D2＝0，开通；D2＝1，屏蔽。

D1～D0（通道选择）：D1～D0＝00，通道 0；D1～D0＝01，通道 1；D1～D0＝10，通道 2；D1～D0＝11，通道 3。

表 3.9.6 4 个通道屏蔽字

×	×	×	×	D3	D2	D1	D0

D3（通道 3 屏蔽位）：D3＝0，开通；D3＝1，屏蔽。

D2（通道 2 屏蔽位）：D2＝0，开通；D2＝1，屏蔽。

D1（通道 1 屏蔽位）：D1＝0，开通；D1＝1，屏蔽。

D0（通道 0 屏蔽位）：D0＝0，开通；D0＝1，屏蔽。

5. 实验电路

实验电路如图 3.9.2 所示。

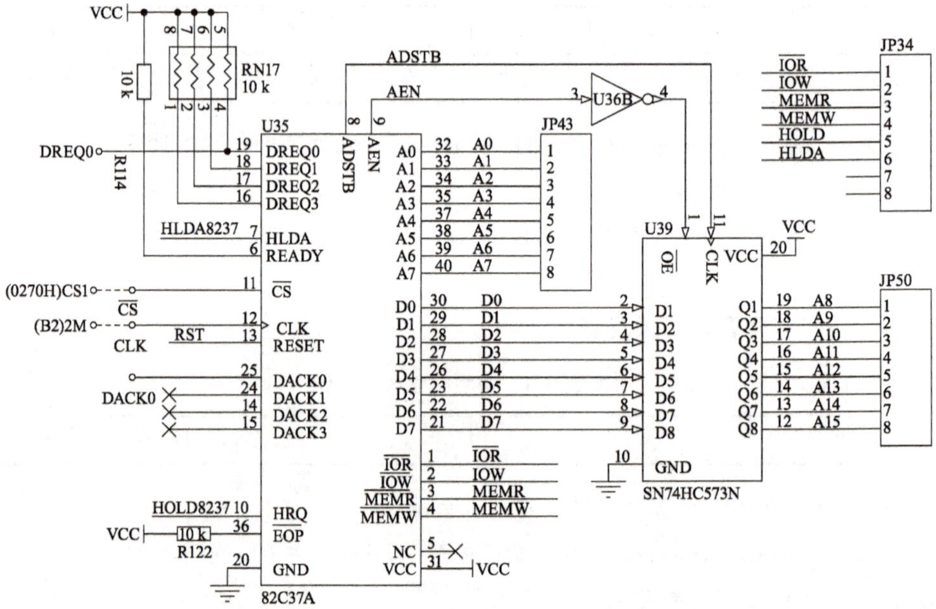

图 3.9.2 D4 区电路

6. 程序设计

程序流程如图 3.9.3 所示。

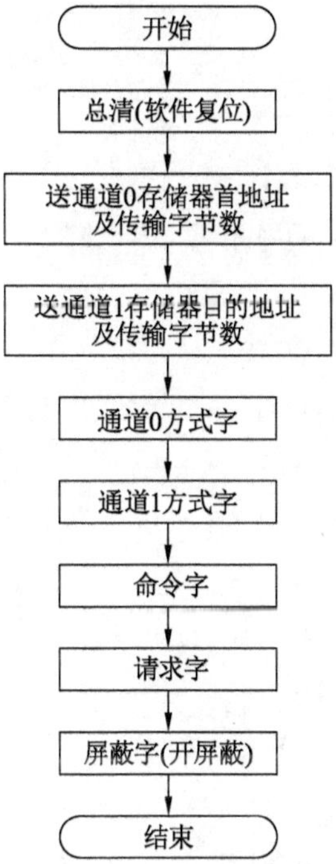

图 3.9.3 程序流程

程序清单框架如下：

```
DMAaddr    EQU   0270H                         ;8237 基地址
_STACK     SEGMENT  STACK
           DW   100 DUP(?)
_STACK     ENDS
CODE       SEGMENT
STAR       PROC   NEAR
           ASSUME   CS:CODE, SS:_STACK
           MOV   AX,8000H
           MOV   DS,AX
           MOV   SI,3000H
```

```
        MOV  AL,0FFH
        MOV  CX,0800H
STAR3:  MOV [SI],AL
        INC  SI
        DEC  AL
        LOOP  STAR3
        MOV  AL,04H
        MOV  DX,DMAADDR+8
        OUT  DX,AL              ;禁止 DMA 操作
        MOV  AL,00
        MOV  DX,DMAADDR+0DH
        OUT  DX,AL              ;复位
        MOV  DX,DMAADDR+0CH
        OUT  DX,AL              ;清除先/后寄存器
        MOV  DX,DMAADDR+0       ;源启始地址 3000H
        MOV  AL,0
        OUT  DX,AL
        MOV  AL,30H
        OUT  DX,AL
        MOV  DX,DMAADDR+0CH
        OUT  DX,AL              ;清除先/后寄存器
        MOV  DX,DMAADDR+2       ;目的启始地址 6000H
        MOV  AL,0
        OUT  DX,AL
        MOV  AL,60H
        OUT  DX,AL
        MOV  DX,DMAADDR+0CH
        OUT  DX,AL              ;清除先/后寄存器
        MOV  DX,DMAADDR+3
        MOV  AL,0FFH            ;长度 0800H
        OUT  DX,AL
        MOV  AL,07H
```

```
        OUT   DX,AL
        MOV   DX,DMAADDR+0BH
        MOV   AL,88H
        OUT   DX,AL                    ;通道 0 方式字
        MOV   AL,85H
        OUT   DX,AL                    ;通道 1 方式字
        MOV   DX,DMAADDR+8
        MOV   AL,41H
        OUT   DX,AL                  ;允许 8237 工作、存贮器方式传送
STAR1:  MOV   DX,DMAADDR+0FH
        MOV   AL,0CH
        OUT   DX,AL                    ;允许通道 0、通道 1
        MOV   DX,DMAADDR+0DH
        IN    AL,DX                    ;读暂存寄存器
        MOV   DX,DMAADDR+09H
        MOV   AL,04H
        OUT   DX,AL                    ;允许 DMA 操作
        MOV   DX,DMAADDR+08H
        NOP
        NOP
STAR2:  IN    AL,DX
        TEST  AL,03H
        JZ    STAR2                    ;等待 DMA 结束
        MOV   DX,DMAADDR+0DH
        IN    AL,DX                    ;读暂存寄存器
        MOV   DX,DMAADDR+0CH
        OUT   DX,AL
        MOV   DX,DMAADDR+3             ;清除先/后寄存器
        IN    AL,DX
        MOV   AH,AL
        IN    AL,DX
        CMP   AX,0FFFFH
```

```
        JNZ   STAR1
        MOV   DX,DMAADDR+09H
        MOV   AL,00H
        OUT   DX,AL                 ;清除 DMA 请求
        MOV   DX,DMAADDR+08H
        MOV   AL,04H
        OUT   DX,AL                 ;禁止 DMA 操作
        MOV   DX,DMAADDR+0DH
        IN    AL,DX                 ;读暂存寄存器
        MOV   SI,3000H
        MOV   BX,6000H
        MOV   CX,0800H
STAR5:  MOV   AL,[SI]
        CMP   AL,DS:[BX]
        JNE   FALSE
        INC   SI
        INC   BX
        LOOP  STAR5
TRUE:   JMP   $
FALSE:  JMP   $
STAR    ENDP
CODE    ENDS
        END   STAR
```

7. 实验步骤

(1) 接线。

B4(RAM)区:CS,BLE,BHE——A3 区:mCS0,BLE,BHE;

B4(RAM)区:RD,WR——A3 区:MEMR,MEMW;

B4(RAM)区:JP49(A0～A7)—— A3 区:JP29(A1～A8);

B4(RAM)区:JP38(A8～A15)——A3 区:JP33(A9～A16);

B4(RAM)区:JP57(D0～D7)——A3 区:JP42(D0～D7);

B4(RAM)区:JP56(D8～D15)——A3 区:JP40(D8～D15);

D4 区:CS——A3 区:CS1;

D4 区:CLK——B2 区:2M;

D4 区:JP34——A3 区:JP26;

D4 区:JP43(A0～A7)——A3 区:JP28(A0～A7);

D4 区:JP50(A8～A15)——A3 区:JP32(A8～A15)。

(2) 通过 USB 线将实验系统与计算机正确相连,打开实验仪电源开关。

(3) 启动星研软件,设置仿真器、缺省项目、仿真 CPU、通信等。

(4) 建立源程序、编译、连接完成。

(5) 进入调试状态,运行程序,观察存贮器的 83000H～837FFH 与 86000H～867FFH 两块数据是否完全相同。

8. 实验报告及思考题

(1) 实验接线,简要说明工作原理。

(2) 说明调试所遇到的问题是如何解决的,并对执行结果进行分析。

(3) 请尝试 8237 的 DMA 传输多种工作方式。

第 4 章

计算机控制技术实验指导

实验一

A/D 转换

1. 实验目的

(1) 了解 A/D 转换的原理,掌握使用 ADC0809 进行模数转换的方法。

(2) 掌握模数转换的程序设计方法。

(3) 认真预习实验内容,做好准备工作,完成实验报告。

2. 实验设备

SUN 系列实验仪一套、PC 机一台、万用表一个。

3. 实验内容

本实验使用 ADC0809 测量外部模拟输入电压(0～5 V),将转换结果显示于数码管上。具体实验内容如下:

(1) 按照实验步骤进行硬件设备连线。

(2) 编写 ADC 转换程序,测量模拟输入电压 0～5 V,其结果显示于数码管上。

4. 实验原理

通常非电量信号,如温度、压力等可以通过传感器变换为电流或电压信号,该电流或电压信号称之为电量,它是一个模拟量。如果要把这个模拟量输入计算机中,就必须先通过模数转换器,把它转换为数字量后再送入计算机。图 4.1.1 所示为利用计算机系统进行工业过程控制的原理框图,其控制算法由计算机程序实现。图 4.1.1 表明,A/D 转换和 D/A 转换是联系工业过程控制中受控对象与计算机控制器的桥梁和纽带。

根据 A/D 转换器的工作原理,可以将其分为双积分式、计数式、逐次比较式和并行式 4 种。本实验以 ADC0809 为对象进行模拟量到数字量的转换。ADC0809 为带 8 路模拟输入的 8 位逐次比较式的 A/D 转换器,有三态输出锁存器,转换时间 100 μs。当其与 16 位 CPU 微机系统相连时，接口相当简单，可将其和 CPU 的数据线直接相连。

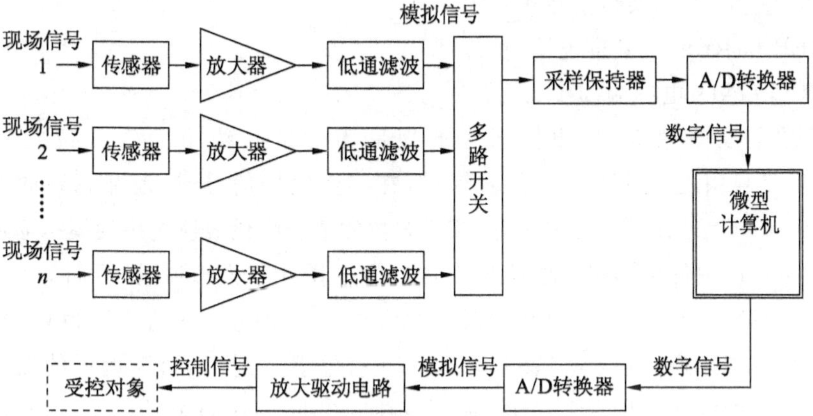

图 4.1.1　工业过程计算机控制原理框图

图 4.1.2 为 ADC0809 接口电路，图中：

D0～D7：8 位数据线。

START：开始转换信号，采用正脉冲，上升沿清零内部寄存器，下降沿启动 A/D 转换器。

EOC：转换结束信号，A/D 开始转换时为低，转换结束，数据进入锁存器后变为高电平。

ENABLE：输出允许，高电平有效。

ADDA，ADDB，ADDC：模拟通道地址线，用以选择模拟通道。ADDA 为低位。

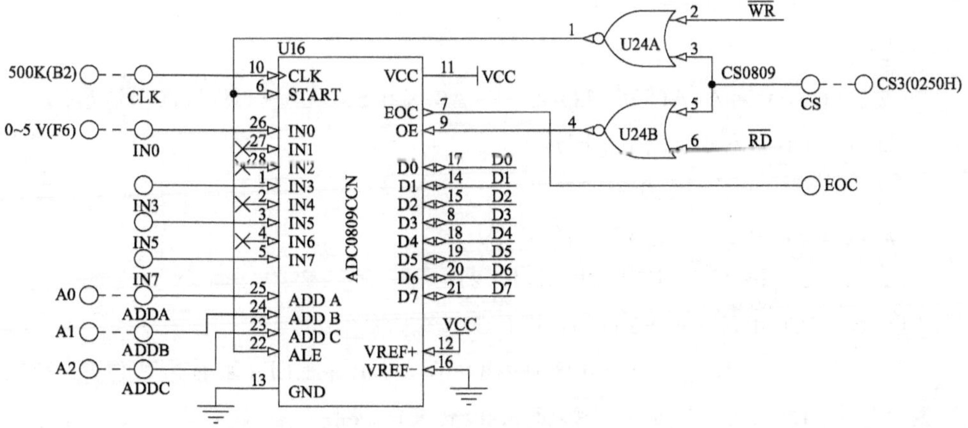

图 4.1.2　ADC0809 接口电路

ALE：模拟通道地址锁存信号。

CLOCK：时钟输入，典型值为 500 kHz。

IN0～IN7：8 条模拟信号输入线。

RER＋、REF－：基准电压输入。

VCC、GND：电源端和接地端。

基准电压采用 5 V，模拟通道的地址为地址总线中的低 3 位。ALE 及 START 信号由地址选中及写信号提供，在产生地址信号时，地址总线的低 3 位 A2、A1、A0 不参加译码，在编程时，该低 3 位的地址将代表所选中的模拟通道号。

假定地址中信号的基本地址为 300H，为选择 0 号模拟通道，可向 300H 口输出一个任意数。此时，由于地址的低 3 位为 000，因此选中的通道号为 0。如果要选择 1 号模拟通道，可向 301H 口输出一个任意数。此时，由于地址的低 3 位为 001，因此选中的通道号为 1。同样地，分别向 302H～307H 输出一个任意数，可选择 2～7 号模拟通道。

在向此地址输出一个数据时，地址选中及写信号均有效，此时 A/D 转换器即被启动并开始转换。当转换结束时，EOC 信号变为高电平，此信号可作为中断申请信号，也可作为状态信号，通过状态触发器供 CPU 在查询方式时使用。CPU 在得知 A/D 转换已结束后，发出读信号，将转换后的数据读入 CPU。

模拟通道地址线的另一种连接方法是将其与数据总线的低 3 位相连。此时，地址总线的低 3 位也可参加地址选中信号的译码；而通道选择则在执行写命令时，由写出的数据决定。

5. 实验步骤

(1) 接线。

C2 区：CS，ADDA，ADDB，ADDC——A3 区：CS3，A0，A1，A2(选择通道)；

C2 区：CLK——B2 区：500 kHz；

C2 区：IN0——F6 区：0～5 V；

D3 区：CS，A0，A1——A3 区：CS1，A0，A1；

D3 区：PC0，PC1——F5 区：KL1，KL2；

D3 区：JP20，B，C——F5 区：A，B，C。

(2) 调节 0～5 V 电位器(F6 区)输出电压，显示在 LED(最右边 2 位)上的电压数字量会随之改变。用万用表验证 A/D 转换的结果。

6. 实验报告及思考题

(1) 分析实验程序,添加详细注释,画出详细程序流程图。

(2) 简述使用 EOC 转换结束标志的软硬件解决方案。

(3) 思考如何实现多路模拟量的数据采集和显示。

实验二

光敏电阻测量光照强度

1. 实验目的

(1) 了解利用光敏电阻测量光照强度的方法。

(2) 掌握使用光敏电阻和 ADC0809 制作简易的光照强度测量仪。

2. 实验设备

SUN 系列实验仪一套、PC 机一台。

3. 实验内容

(1) 将光照强度产生的模拟电压信号转换为数字信号,然后再转换为照度(单位是勒克斯)在 LED 上显示。

(2) 校准照度测量器:在一定的光强度下,产生 200 数字量的电压,以此对应关系(照度一电压)将其他光强度转换为照度值,在 LED 上显示。

4. 实验原理

光照强度测量原理如下:

(1) 在实验仪上有两个光敏电阻,其中一个光敏电阻表面贴上黑胶布,使其不能对光照的变化产生明显的电阻值改变。另外一个光敏电阻没有贴上黑胶布,能迅速地感应光照强度的变化。本实验利用光敏电阻测量光照强度,即当外界光照强度发生变化时引起光敏电阻的阻值发生改变。

(2) 光敏电阻 R50 与完全相同的光敏电阻 R45(被黑胶布遮住)组成电桥(见图 4.2.1),$\triangle R_x$ 为照度变大时电阻的增加值。将电阻变化转换为电桥产生的压差 U_o 的变化,经放大电路将产生的压差 U_o 放大,得到可以被 A/D 转换的电压,整个系统的实际电路图如图 4.2.2 所示。

(3) 本实验假设光照强度与产生的压差 U_o 成正比,设定某一标准光照强度与某一压差对应，以此对应关系换算产生其他压差的照度，从而达到测量光照强度的目的。

如果需要精确测量光照强度，可先将电压值与光照强度对应关系制成表，然后根据测得的电压值通过查表得出光照强度值。

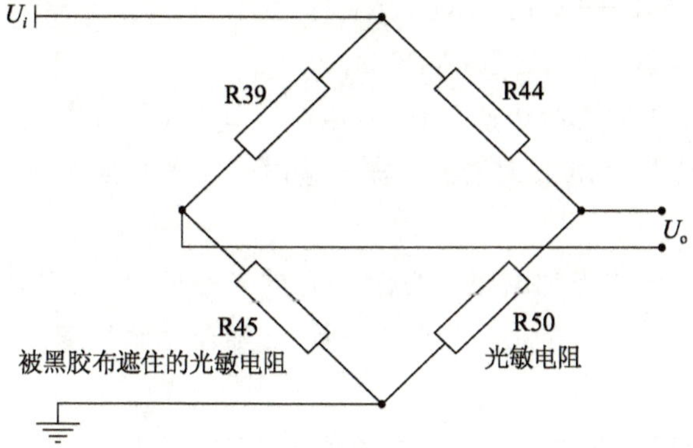

图 4.2.1 电压差 U_o 产生原理图

$$U_o=U_i\times\{R_x/(R_x+1)-(R_x+\triangle R_x)/(R_x+\triangle R_x+1)\}$$

式中，R_x 为 R45 和 R50 的阻值，$\triangle R_x$ 为 R50 光敏电阻受光照后产生的阻值变化。

5. 实验电路

实验电路如图 4.2.2 所示。

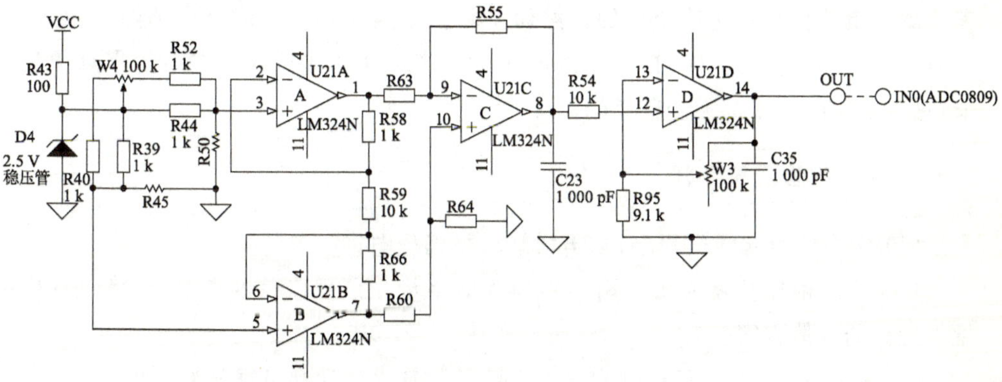

图 4.2.2 实验电路图

6. 实验步骤

(1) 接线。

C2 区：CS，ADDA，ADDB，ADDC——A3 区：CS3，A0，A1，A2(选择通道)；

C2 区：CLK——B2 区：500 kHz；

C2 区：IN0——E2 区：OUT；

D3 区：CS，A0，A1——A3 区：CS1，A0，A1；

D3 区：PC0，PC1——F5 区：KL1，KL2；

D3 区：JP20，B，C——F5 区：A，B，C。

(2) 两个光敏电阻都处于遮住状态，通过调节电位器 W4，使显示为零。

(3) 调节电位器 W3(放大系数)，核准室内某一光照强度－200 后电压数字量的对应关系。

(4) 用其他物体在光敏电阻上方改变它的光强度，可以看到 LED 上(最右边 3 位)显示的照度的大小(在此以勒克斯表示)。随着光照强度的变化，LED 显示数值随之变化。

说明：光敏电阻与其他半导体光电器件相比有很多优点，如所测的光电强度范围宽、灵敏度高、无选择极性之分等，但是也有其不足的地方，特别是在强光的条件下光电线性度较差、光电迟滞过程较长、频率特性不够好等。所以，这个实验要避免在强光下进行操作，如要避免在太阳光直射下操作。

大多数室内照度都在 300 Lx(勒克斯)以下，一般的教室内部照度大约为 150 Lx，黄昏室内照度大约为 10 Lx，而在夏日太阳强光之下可以达到 100 000 Lx。

本实验电路采用两个完全相同的光敏电阻来组成电桥，为的是减小误差，选用差分放大电路也是基于这个目的。然而实际上零点漂移并不能完全消除，差分放大电路在达到一定的值时，在最后的电压输出端产生了 100 mV 左右的零点漂移值，这也是实际电路都无法避免的。

7. 实验报告及思考题

(1) 编写测量光强度程序，画出详细程序流程图。

(2) 简述由模拟量光敏电阻值转换为数字量光照强度值的 A/D 转换过程中硬件设计的具体方案。

(3) 多次重复测试，仔细观察光敏电阻的测量准确性和可重复性。

8. 参考程序

略。

实验三

D/A 转换

1. 实验目的

(1) 了解数模转换的原理。

(2) 学习 DAC0832 与 8086 计算机系统的接口原理。

(3) 掌握使用 DAC0832 进行数模转换的程序设计方法。

2. 实验设备

SUN 系列实验仪一套、PC 机一台、示波器一台。

3. 实验内容

本实验使用 DAC0832 进行数模转换,使用示波器观察实验转换结果波形。具体实验内容如下:

(1) 按实验步骤进行实验硬件设备连线。

(2) 完成演示程序,生成正弦波。

(3) 设计 DAC0832 转换程序,生成三角波和方波。

(4) 运行程序,使用示波器观察实验结果。

4. 实验原理

如图 4.3.1 所示,利用计算机控制受控对象,需要通过数模转换器将计算机输出的数字量转换为模拟量后再输出给受控对象。随着大规模集成电路技术的发展,数模转换器通常为集成电路,我们感兴趣的是这些集成电路与计算机系统的连接方式及其调用所需的程序设计。

通常的 D/A 转换器包括受数字控制的开关及电阻网络。当输入的数字量发生变化时,受其控制的开关改变电阻网络而输出与之相对应的电流或电压,称这类 D/A 转换器为不带锁存器的 D/A 转换器。

另一类 D/A 转换器除包括开关及电阻网络外，还包括输入数字锁存器。当输入的数字量进入锁存器后其输出电流或电压才随之变化，称之为带锁存器的 D/A 转换器。

D/A 转换的主要性能如下：

1）分辨率

分辨率是指输入数字量的最低有效位(LSB)发生变化时，所对应的输出模拟量(常为电压)的变化量。它反映了输出模拟量的最小变化值。分辨率与输入数字量的位数有确定的关系，可以表示成 $FS/2^n$。FS 表示满量程输入值，n 为二进制位数。对于 5 V 的满量程，采用 8 位的 DAC 时，分辨率为 5 V/256＝19.5 mV；当采用 12 位的 DAC 时，分辨率则为 5 V/4 096＝1.22 mV。显然，位数越多，分辨率就越高。

2）精度

绝对精度(简称精度)是指在整个刻度范围内，任意输入数码所对应的模拟量实际输出值与理论值之间的最大误差。绝对精度是由 DAC 的增益误差(当输入数码为全 1 时，实际输出值与理想输出值之差)、零点误差(数码输入为全 0 时，DAC 的非零输出值)、非线性误差和噪声等引起的。绝对精度(即最大误差)应小于 1 个 LSB。相对精度与绝对精度表示同一含义，用最大误差相对于满刻度的百分比表示。

3）建立时间

建立时间是指输入的数字量发生满刻度变化时，输出模拟信号达到满刻度值的±1/2 LSB 所需的时间，是描述 D/A 转换速率的一个动态指标。电流输出型 DAC 的建立时间短，电压输出型 DAC 的建立时间主要决定于运算放大器的响应时间。根据建立时间的长短，可以将 DAC 分成超高速(<1 μs)、高速(1～10 μs)、中速(10～100 μs)、低速(≥100 μs)几挡。

4）非线性误差

D/A 转换器的非线性误差定义为实际转换特性曲线与理想特性曲线之间的最大偏差，并以该偏差相对于满量程的百分数度量。转换器电路设计一般要求非线性误差不大于±1/2 LSB。

5）输出极性及范围

其输出范围与参考电压有关。对于电流输出的 D/A 转换器，要用运算放大器将其转换为电压，因而输出范围与转换电路也有关。输出极性有单极性与双极性两种。

具有锁存器的 D/A 转换器可以直接与 CPU 总线相接。此时，将数据总线直接与 D/A 转换器的数字输入线相连，将地址选中信号和写信号接到 D/A 转换器的数据输入控制端上，当地址选中及写信号有效时，数据送入 D/A 转换器的数据锁存器中，此时 D/A 转换器的输出随之变化。

DAC0832(见图 4.3.1)是一个带双缓冲锁存器的 8 位 D/A 转换器，其精度为 8 位，建立时间为 1 ns，为电流输出型。精度为 9 位与 10 位的转换器型号为 DAC0832 及 DAC0830。

DAC0832 具体引脚包括：

DI0～DI7：数据输入线，DI7 为最高位。

VREF：基准电压输入端。

IOUT1、IOUT2：电流输出端。

RFB：反馈电阻端。

$\overline{\text{CS}}$：片选端。

$\overline{\text{WR}_1}$、$\overline{\text{WR}_2}$：写入信号 1 及写入信号 2。

ILE：输入锁存使能。

$\overline{\text{XFER}}$：转移控制信号。

另外，还有电源端 VCC，数字地 DGND 及模拟地 GND。

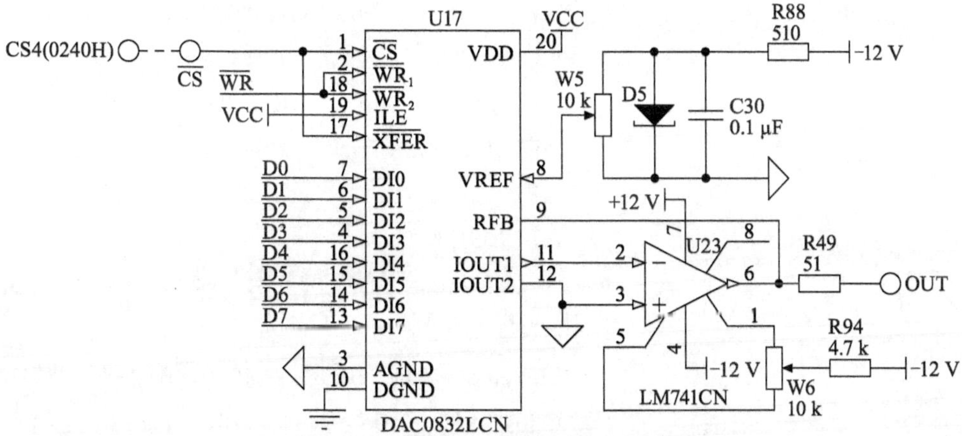

图 4.3.1 DAC0832 转换逻辑原理图

图 4.3.1 是 DAC0832 芯片的典型用法。由于电路内部的反馈电阻 RFB 与网络电阻相等，输出电压 $U_0=-U_{REF}\cdot(DI7/2+DI6/4+\cdots+DI0/256)$。如在 D/A 转换器的 RFB 端与运算放大器的输出端之间串联电阻，可以调节输出电压的

范围。

DAC0832 控制信号的逻辑关系为：当$\overline{CS}$=0，ILE=1 时，$\overline{WR_1}$信号将数据总线上的信号写入 8 位输入寄存器；当$\overline{XFER}$=0 时，$\overline{WR_2}$信号将输入寄存器的数据转移到 8 位 DAC 寄存器中，此时 D/A 转换器的输出随之变化。根据上述功能，可以将 DAC0832 连接成单缓冲工作方式和双缓冲工作方式。

图 4.3.1 为采用单缓冲工作方式的 D/A 转换器接口。将 DAC0832 的 ILE 接为高电平。$\overline{CS}$、$\overline{XFER}$接地址 CS4 选中，$\overline{WR_1}$、$\overline{WR_2}$均接系统写信号。

对于 DAC0832，其输出电压是单极性的，当基准电压的极性决定之后，输出电压的极性也被决定。再增加一级即可实现固定基准电压下的双极性输出。

5. 程序设计

正弦波程序清单如下：

```
extern void outportb(unsigned int, char);
extern char inportb(unsigned int);
#define  u8        unsigned char
#define  u16       unsigned int
#define addr0832   0x240                    //0832 输出口地址
const u8 TAB_1[] = {0x7F, 0x8B, 0x96, 0xA1, 0xAB, 0xB6, 0xC0,
                    0xC9,0xD2,
                    0xDA, 0xE2, 0xE8, 0xEE, 0xF4, 0xF8, 0xFB,
                    0xFE,0xFF,0xFF,
                    0xFF, 0xFE, 0xFB, 0xF8, 0xF4, 0xEE, 0xE8,
                    0xE2,0xDA,0xD2,
                    0xC9, 0xC0, 0xB6, 0xAB, 0xA1, 0x96, 0x8B,
                    0x7F,
                    0x74,0x69,0x5E,0x54,0x49,0x40,0x36,0x2D,
                    0x25, 0x1D, 0x17, 0x11, 0x0B, 0x7, 0x4, 0x2,
                    0x0,0x0,
                    0x0,0x2,0x4,0x7,0xB,0x11,0x17,0x1D,0x25,
                    0x2D, 0x36, 0x40, 0x49, 0x54, 0x5E, 0x69,
                    0x74};
```

```
void delay( )
{
    u16 count = 15;
    while (——count)
    {;}
}
void main( )
{
    u16 count;
    while (1)
    {
        for (count = 0; count < 72; count++)
        {
            outportb(addr0832,TAB_1[count]);      //读 FIFO RAM
            delay( );
        }
    }
}
```

6. 实验步骤

(1) 连线。

D2 区:CS——A3 区:CS4。

(2) 运行程序,示波器的探头接 D2 区的 OUT,观察是否产生相应的波形。

7. 实验报告及思考题

(1) 分析产生三角波和方波的实验程序,并添加详细注释。

(2) 绘制实验程序的详细流程图。

(3) 简述使用双缓冲工作方式进行 D/A 转换的软硬件解决方案。

(4) 思考本实验硬件接线如何设计可实现 DAC0832 连接成单缓冲工作方式和双缓冲工作方式。

实验四

直流电机调速

1. 实验目的

(1) 了解光电开关测速原理。

(2) 掌握电机测速的基本原理和方法。

(3) 掌握电机的闭环速度控制的基本方法及算法。

2. 实验设备

SUN 系列实验仪一套、PC 机一台。

3. 实验内容

(1) 将当前转速与设置转速(要求达到的转速)相比较,得出差值来调整 DAC0832 的输出电压,逐步将转速控制到设置转速。

(2) 在 LED 上显示设置转速(左 4 位 LED)和当前转速(右 4 位 LED),转速显示采用十进制。控制过程中,当前转速显示不断变化。

注:直流电机转速范围为 3～99 r/s,误差±1 r/s。

4. 实验原理

将设置的转速与当前测量的转速比较,得出差值用于控制 DAC0832 的输出电压,从而控制直流电机的转速,使转速逐渐达到设置转速。

5. 实验电路

实验电路如图 4.4.1 所示。

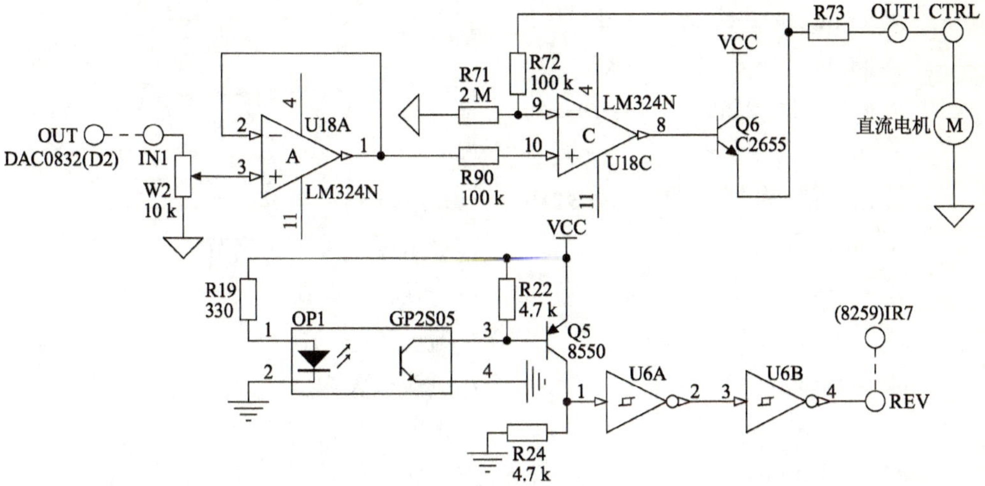

图 4.4.1 直流电机调速原理图

6. 程序设计

程序清单如下：

```
extern void outportb(unsigned int,char);                  //写 I/O
extern char inportb(unsigned int);                        //读 I/O
extern void enable(void);                                 //开中断
extern void disable(void);                                //关中断
extern void setvect(int,void interrupt( * isr)(void));    //写中断向量
extern void interrupt(far *   getvect(int __interruptno))( );
                                                          //读中断向量
#define   u8     unsigned char
#define u16 unsigned int
#define DAC0832Init     0x80          //DAC0832 初始输入值
//对键盘、数码管管理器初始化
extern void cInitKeyDisplay( );
//将 pBuffer 指向的 8 字节缓冲区内容显示于 F5 区数码管上
extern void cDisplay8(u8 *  pBuffer);
```

```
//接收一个 16 进制键值,如果没有按键,返回 0xff
extern u8 cGetKeyA( );
#define      IO8259_0       0x250
#define IO8259_1       0x251
#define Con_8253       0x263
#define T0_8253             0x260
#define T1_8253             0x261
#define DA0832Addr         0x240
u8 buffer[8];                  //显示缓冲区,8 个字节
u8 count;                      //一秒转动次数
u8 count1;                     //前一次
u8 count2;                     //再前一次
u8 count3;                     //再前一次
u8 nowCount;                   //当前计数值
u16 kpTime;                    //保存上一次采样时定时器的值
u8 count500ms;                 //500 ms 计数
u8 bKey;                       //是否有键按下
u8 bTime;                      //0.25 s 间隔标志
u8 bHighKey;                   //设置转速十位

u8 RevSet;                     //设置转速值
u8 RevSetH;                    //保存设置转速的十位数
u8 RevSetL;                    //保存设置转速的个位数
u8 Data_0832;
//数模转换
void DAC0832(u8 da_data)
{
    outportb(DA0832Addr,da_data);
}

//转速控制
void REVControl( )
```

```
{
    u8 i;
    if (count < RevSet)
    {//提高转速
        count500ms = 1;
        i = RevSet - count + Data_0832;
        if (i < Data_0832)
            i = 0xff;
        Data_0832 = i;
        DAC0832(i);
    }
    else if (count > RevSet)
    {
        i = count - RevSet;
        if (i < 40)
        {
            if (count500ms)
                count500ms = 0;
            else
            {
                count500ms++;
                return;
            }
        }
        i = Data_0832 - i;
        if (i > Data_0832)
            i = 10;
        Data_0832 = i;
        DAC0832(i);
    }
}
void RateDis( )
```

```
{
    u8 i;

    if (count > 10)
        buffer[1] = count / 10;
    else
        buffer[1] = 0x10;
    buffer[0] = count % 10;
    buffer[4] = RevSetL;
    buffer[5] = RevSetH;
    buffer[2] = 0x10;
    buffer[3] = 0x10;
    buffer[6] = 0x10;
    buffer[7] = 0x10;

    cDisplay8(buffer);
}

void interrupt Timer0Int(void)
{
    u8 i;
    bTime = 1;
    count = nowCount;
    nowCount = 0;
    if ((count == count1) ||
        (count == count1 - 1) ||
        (count == count1 + 1))
    {
        i = (count + count1 + count2 + count3) / 4;
        count3 = count2;
        count2 = count1;
```

```
        count1 = count;
        count = i;
    }
    else
    {
        count3 = count2 = count1 = count;
    }
    outportb(IO8259_0,0x20);
}

void interrupt CountInt(void)
{
    u16 time;
    outportb(Con_8253,0x40);
    time = inportb(T1_8253);
    time += (inportb(T1_8253) << 8);
    if (time - kpTime >= 100)
        nowCount++;
    kpTime = time;
    outportb(IO8259_0,0x20);
}
void Init8253( )
{
    outportb(Con_8253,0x34);
    outportb(T0_8253,0x84);
    outportb(T0_8253,0x1e);
    outportb(Con_8253,0x74);
    outportb(T1_8253,0xff);
    outportb(T1_8253,0xff);
}
void Init8259( )
```

```
{
    outportb(IO8259_0,0x13);
    outportb(IO8259_1,0x8);
    outportb(IO8259_1,0x9);
    outportb(IO8259_1,0x7e);
}
void WriIntver( )
{
    setvect(8,Timer0Int);
    setvect(0xf,CountInt);
}
void main( )
{
    u8 i;
    u8 KeyResult;
    cInitKeyDisplay( );
    bKey = 0;
    bHighKey = 1;
    Data_0832 = DAC0832Init;
    RevSet = 0x32;
    RevSetH = 5;
    RevSetL = 0;
    bTime = 0;
    count500ms = 1;
    kpTime = 0;
    nowCount = 0;
    count = 0;
    DAC0832(Data_0832);
    Init8253( );
    Init8259( );
    WriIntver( );
```

```
    enable( );
    while(1)
    {
        KeyResult = cGetKeyA( );

        if (KeyResult < 10)
        {
            if (bHighKey)
            {
                bHighKey = 0;
                RevSetH = KeyResult;
            }
            else
            {
                bHighKey = 1;
                RevSetL = KeyResult;
                RevSet = RevSetH * 10 + RevSetL;
            }
        }
        if (bTime)
        {
            bTime = 0;
            RateDis( );
            REVControl( );
        }
    }
}
```

7. 实验步骤

（1）主机连线。

B3 区：CS，A0——A3 区：CS3，A0；

B3 区:INT,INTA——A3 区:INTR,INTA;

C4 区:CS,A0,A1——A3 区:CS2,A0,A1;

C4 区:GATE——C1 区:VCC;

C4 区:CLK0——B2 区:31 250 Hz;

C4 区:CLK1——B2 区:1 MHz;

C4 区:OUT0——B3 区:IR0;

D2 区:CS——A3 区:CS4;

D2 区:OUT——F3 区:IN1;

F3 区:OUT1——E1 区:CTRL;

E1 区:REV——B3 区:IR7;

D3 区:CS,A0,A1——A3 区:CS1,A0,A1;

D3 区:JP20(PB),B、C——F5 区:A,B,C;

D3 区:PC0,PC1——F5 区:KL1,KL2。

(2) 设置要求达到的转速,显示在 LED 上(左 4 位);测量当前转速,显示在 LED 上(右 4 位)

(3) 比较设置转速与测量的当前转速,得出差值,采用差值算法计算控制量(示例程序),用于调整 DAC0832 的输出电压,控制电机转速达到设置的转速。

(4) 在示例程序基础上,采用 PWM 算法进行电机转速控制。

8. 实验报告及思考题

(1) 分析 PWM 算法及硬件实现原理。

(2) 绘制实验程序的详细流程图并添加注释。

(3) 分析差值算法和 PWM 算法各自的优缺点及控制精准性。

实验五

步进电机控制

1. 实验目的

(1) 了解步进电机的基本原理。

(2) 掌握步进电机的转动编程方法。

(3) 了解影响电机转速的因素。

2. 实验设备

SUN 系列实验仪一套、PC 机一台。

3. 实验内容

(1) 完成实验示例程序,实现步进电机的正、反转及调速运行。

(2) 编写控制程序,实现步进电机的连续转动及指定步数运行。

(3) 编写控制程序,实现步进电机运动状态的显示功能。

4. 实验原理

步进电机是一种感应电机,它利用电子电路将直流电变成分时供电的多相时序控制电流,用这种电流为步进电机供电,步进电机才能正常工作,驱动器就是为步进电机分时供电的多相时序控制器。

步进电机是将电脉冲信号转变为角位移或线位移的开环控制元件。在非超载的情况下,电机的转速、停止的位置只取决于脉冲信号的频率和脉冲数,而不受负载变化的影响。当步进驱动器接收到一个脉冲信号,该脉冲信号就驱动步进电机按设定的方向转动一个固定的角度,称为“步距角”,它的旋转是以固定的角度一步一步运行的。可以通过控制脉冲个数来控制角位移量,从而达到准确定位的目的;同时可以通过控制脉冲频率来控制电机转动的速度和加速度,从而达到调速的目的。另外,由于电机的转动惯量的存在,其转动速度还受驱动功率的影响,当脉冲的频率大于某一值(本实验为 $f>100$ Hz)时,电机便不再转动。

实验电机共有 4 个相位(A,B,C,D),按转动步骤可分为单 4 拍(A－B－C－D－A),双 4 拍(AB－BC－CD－DA－AB)和单双 8 拍(A－AB－B－BC－C－CD－D－DA－A)。

5. 实验电路

实验电路如图 4.5.1 所示。

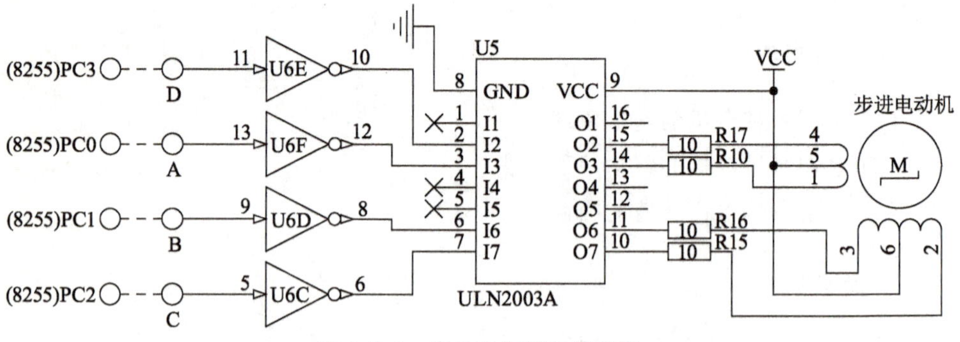

图 4.5.1 步进电机控制原理图

6. 程序设计

程序清单如下:

```
/*        步进电机控制综合实验
;    (1)0～9 号键作数字键
;    (2)控制键有:
;    A—正反转切换键,控制电机的正反转
;    B—提高转速,12 级转速
;    C—降低转速
;    D—输入需要转动的步数后,按这个键,如果步数为零,一直转下去,按
;         任意键停下
;      如果步数不为零,转动指定步数后停下。
;      LED7 显示正反转:0 代表正转,1 代表反转
;      LED5 显示第几级转速
;      LED3.0 转动步数                          */
extern void outportb(unsigned int, char);              //写 I/O
```

```
extern char inportb(unsigned int);                    //读 I/O
extern void enable(void);                             //开中断
extern void disable(void);                            //关中断
extern void setvect(int, void interrupt( * isr)(void));           //写中断向量
extern void interrupt(far *    getvect(int __interruptno))( );//读中断向量
#define    u8      unsigned char
#define u16 unsigned int
extern void cInitKeyDisplay( );
//将 pBuffer 指向的 8 字节缓冲区内容显示于 F5 区数码管上
extern void cDisplay8(u8 *  pBuffer);
//接收一个 16 进制键值,如果没有按键,返回 0xff
extern u8 cGetKeyA( );
#define     IO8259_0      0x250
#define IO8259_1      0x251
#define Con_8253      0x263
#define T0_8253           0x260
#define IO8255_Con      0x273
#define IO8255_PC      0x272
u8 StepControl;                   //下一次送给步进电机的值
u8 buffer[8];                     //显示缓冲区,8 个字节
u8 SpeedNo;                       //选择哪一级速度
u8 StepDelay;                     //转动一步后,延时常数
u8 StartStepDelay;
u8 StartStepDelay1;               //StartStepDelay
u16 StepCount;                    //转动步数
u8 bClockwise;                    // =1  顺时针方向,=0  逆时针方向转动
u8 bNeedDisplay;                  //已转动一步,需要显示新步数
void TakeStepCount( )
{
    StepCount = ((buffer[3] * 10 + buffer[2]) * 10 + buffer[1]) * 10
+ buffer[0];
}
```

```
void Direction( )
{
    if (bClockwise)
    {
        bClockwise = 0;
        buffer[7] = 1;
        StepControl = (StepControl >> 2) | (StepControl << 6);
    }
    else
    {
        bClockwise = 1;
        buffer[7] = 0;
        StepControl = (StepControl << 2) | (StepControl >> 6);
    }
}
//速度加快
void Speed_up( )
{
    if (SpeedNo ! = 11)
    {
        SpeedNo++;
        buffer[5] = SpeedNo;
    }
}
//速度减慢
void Speed_Down( )
{
    if (SpeedNo)
    {
        SpeedNo--;
        buffer[5] = SpeedNo;
```

```
        }
}
void Exec( )
{
        u8 StepDelayTab[] = {250,125,83,62,50,42,36,32,28,25,22,21};
        TakeStepCount( );
        StepDelay = StepDelayTab[SpeedNo];
        if (StepDelay < 50)
                StartStepDelay = 50;
        else
                StartStepDelay = StepDelay;
        StartStepDelay1 = StartStepDelay;
        enable( );
}
void Step_SUB_1( )
{
        u8 count = 4;
        u8 * pBuffer = buffer;
        while(count--)
        {
                if ( * pBuffer ! = 0)
                {
                        * pBuffer -= 1;
                        break;
                }
                else
                        * pBuffer = 9;
                pBuffer++;
        };
}
void interrupt TIMER0(void)
```

```
{
//      --StartStepDelay;
    if (--StartStepDelay)
        goto exit;
    if (StepDelay != StartStepDelay1)
        StartStepDelay1--;
    StartStepDelay = StartStepDelay1;
    outportb(IO8255_PC, StepControl);
//  P1 = ~StepControl;
    if (bClockwise)
        StepControl = (StepControl << 1) | (StepControl >>7);
    else
        StepControl = (StepControl >> 1) | (StepControl <<7);
    if (StepCount)
    {
        bNeedDisplay = 1;
        StepCount--;
        Step_SUB_1( );
        if (StepCount == 0)
            disable( );
    }
exit:
    outportb(IO8259_0,0x20);

}
void Init8255( )
{
    outportb(IO8255_Con,0x80);
    outportb(IO8255_PC, 0xff);
}
void Init8253( )
```

```
{
    outportb(Con_8253,0x35);
    outportb(T0_8253,0x10);
    outportb(T0_8253,0x02);
}
void Init8259( )
{
    outportb(IO8259_0,0x13);
    outportb(IO8259_1,0x8);
    outportb(IO8259_1,0x9);
    outportb(IO8259_1,0xfe);
}
void main( )
{
    u8 KeyResult;
    bClockwise = 1;
    StepControl = 0x33;
    bNeedDisplay = 0;
    SpeedNo = 5;
    Init8255( );
    Init8253( );
    Init8259( );
    setvect(8, TIMER0);
    buffer[0] = 0;
    buffer[1] = 0;
    buffer[2] = 0;
    buffer[3] = 0;
    buffer[4] = 0x10;
    buffer[5] = SpeedNo;
    buffer[6] = 0x10;
    buffer[7] = 0;
```

```
    cInitKeyDisplay( );
    while (1)
    {
        cDisplay8(buffer);
        while (1)
        {
            KeyResult = cGetKeyA( );
            if (KeyResult ! = 0xff)
            {
                disable( );
                if (KeyResult >= 10)
                {
                    if (KeyResult >= 14)
                        continue;
                    switch (KeyResult)
                    {
                    case 10:  //转动方向
                        Direction( );
                        break;
                    case 11:  //提高转速
                        Speed_up( );
                        break;
                    case 12:  //降低转速
                        Speed_Down( );
                        break;
                    case 13:  //步进电机根据方向、转速、步数开始转动
                        Exec( );
                        break;
                    }
                    break;
                }
```

```
                    else
                    {
                        buffer[3] = buffer[2];
                        buffer[2] = buffer[1];
                        buffer[1] = buffer[0];
                        buffer[0] = KeyResult;
                        break;
                    }
                }
                else
                {
                    if (bNeedDisplay)
                    {
                        bNeedDisplay = 0;
                        break;
                    }
                }
            }
        }
    }
```

7. 实验步骤

(1) 主机连线。

D1 区:A,B,C,D——D3 区:PC4,PC5,PC6,PC7;

D3 区:CS,A0,A1——A3 区:CS1,A0,A1;

D3 区:PC0,PC1——F5 区:KL1,KL2;

D3 区:JP20(PB),B,C——F5 区:A,B,C;

B3 区:CS,A0——A3 区:CS3,A0;

B3 区:INT,INTA——A3 区:INTR,INTA;

C4 区:CS(8253),A0,A1——A3 区:CS2,A0,A1;

C4 区:GATE——C1 区:VCC;

C4 区：CLK0——B2 区：1 MHz；

C4 区：OUT0——B3 区：IR0。

（2）编写实验程序并调试，实现实验内容中的功能。

8. 实验报告及思考题

（1）分析实验程序，并添加详细注释。

（2）绘制实验程序的详细流程图。

（3）思考如何改变电机的转速。

（4）通过实验找出电机转速的上限，思考如何能进一步提高最大转速。

参考文献

[1] 朱金钧，麻新旗等. 微型计算机原理及应用技术(第 3 版)[M]. 北京：机械工业出版社，2015.

[2] 周明德. 微机原理与接口技术[M]. 北京：人民邮电出版社，2008.

[3] 高国琴. 微型计算机控制技术[M]. 北京：机械工业出版社，2006.

[4] 潘新民. 微型计算机控制技术[M]. 北京：电子工业出版社，2011.

[5] 杨立. 微型计算机原理与接口技术学习与实验指导[M]. 北京：中国水利水电出版社，2008.

[6] 许立梓. 微型计算机原理及应用：习题解答、实验指导及课程设计[M]. 北京：机械工业出版社，2004.

附录A

星研集成环境软件支持的软中断

输 入	功 能	输 出
INT 21H 软中断		
AH=01H,AL=00H	带回显的字符输入 (无字符输入时将等待输入)	AL=键值
AH=01H,AL=01H	带回显的十六进制数输入 (无输入时将等待输入)	AL=键值
AH=01H,AL=02H	带回显的10进制数输入 (无输入时将等待输入)	AL=键值
AH=02H,DL=8位数据(通常是ASCII代码)	字符输出(输出一字符到信息窗的DOS标签视中)	
AH=06H,DL=0FFH	请求输入 (它与INT 21H,AH=01H的区别是不会等待键输入)	如果之前有键按下,零标志=清除,AL=键值;如果之前没有键按下,零标志=置1
AH=06H, DL= 00H－0FEH(通常是ASCII代码)	字符输出(输出一字符到信息窗的DOS标签视中)	
AH=09H DS:DX=段:偏移地址	输出字符串(送一字符串到信息窗的DOS标签视中,字符串以"$"字符(24H)结尾	
AH=0AH,AL=0(接收任意字符) DS:DX=段:偏移地址 缓冲区的第一个字节存放它能保存的最大字符数(1～255)	缓冲输入(从键盘读一行并放入用户定义的缓冲区)	缓冲区的第一个字节说明它能保存的最大字符数(1～255),该值由用户设置,第二个字节返回实际输入的字符数(回车除外)
AH=0AH,AL=0(接收十六进制数) DS:DX=段:偏移地址 缓冲区的第一个字节存放它能保存的最大字符数(1～255)	缓冲输入(从键盘读一行并放入用户定义的缓冲区)	缓冲区的第一个字节说明它能保存的最大字符数(1～255),该值由用户设置,第二个字节返回实际输入的字符数(回车除外)

续表

输　入	功　能	输　出
AH＝0AH，AL＝2(接收十进制数) DS：DX＝段：偏移地址 缓冲区的第一个字节存放它能保存的最大字符数(1～255)	缓冲输入(从键盘读一行并放入用户定义的缓冲区)	缓冲区的第一个字节说明它能保存的最大字符数(1～255)，该值由用户设置，第二个字节返回实际输入的字符数(回车除外)
AH＝0BH	取输入状态(检查是否可以从键盘缓冲区取一个字符)	AL＝00H(没有输入) AL＝0FFH(有字符输入)
AH＝0CH	先清键盘缓冲区， 然后，如果 AL＝01H，06H，07H，08H，0AH，相当于 INT 21H，AH＝AL	
AH＝25H，AL＝中断号， DS：DX＝中断处理过程段：位移	置中断向量	
AH＝35H，AL＝中断号	取中断向量(得到当前中断处理程序地址)	ES：BX ＝中断处理程序段：位移
AH＝4CH	带返回码结束程序	
AH＝0FEH，AL＝0 EDI＝存放缓冲区首地址	读取 GDTR 寄存器	EDI：缓冲区首地址
AH＝0FEH，AL＝1， EBX＝全局描述符表首地址 CX＝读取长度 EDI＝存放缓冲区首地址	读取全局描述符表	EDI：缓冲区首地址
AH＝0FEH，AL＝2	如果操作系统是 WinXP SP2 或更新，返回 AL ＝1；操作系统比 WinXP SP2 来得早，返回 AL＝0	操作系统是 WinXP SP2 或更新，返回 AL ＝1；操作系统比 WinXP SP2 来得早，返回 AL＝0
AH＝0FEH，AL＝3， EDI＝存放缓冲区首地址	读 CR3	EDI：缓冲区首地址(存放 CR3)
AH＝0FEH，AL＝4， CX＝读取字节数， EBX＝物理地址， EDI＝存放缓冲区首地址	读内存	CY＝1，读取成功； CY＝0，读取失败

续表

输　入	功　能	输　出
AH＝0FEH，AL＝5， EDI＝存放缓冲区首地址	读 PCI9052 板卡三块 Memory 对应的虚拟地址、物理地址	第一个双字虚拟地址：PCI9052 MEMORY 基地址(用于访问局部配置寄存器)； 第二个双字物理地址：PCI9052 MEMORY 基地址； 第三个双字虚拟地址：PCI9052 板卡上 8 位 Memory 空间基地址； 第四个双字物理地址：PCI9052 板卡上 8 位 Memory 空间基地址； 第五个双字虚拟地址：PCI9052 板卡上 32 位 Memory 空间基地址； 第六个双字物理地址：PCI9052 板卡上 32 位 Memory 空间基地址
AH＝0FEH，AL＝6	读当前系统的 DS	DS－＞EAX
AH＝0FFH，DX＝毫秒	延时 DX 毫秒	
INT 10H 软中断		
AH＝0	清屏	
AH＝2，DH＝行，DL＝列	设置光标位置 (用字符坐标确定光标位置)	
AH＝3	读光标位置	DH＝行，DL＝列

附录 B

【微机原理及控制技术实验教程】

数码管显示、键扫描库程序说明

1. InitKeyDisplay：初始化键盘、LED 控制器 8255。

2. Display8：显示子程序（8255 对数码管扫描）。

输入参数：SI 指向 8 字节显示缓冲区；如果需要显示小数点，8 位十六进制数的最高位为 1；如果某位不需要显示，符值 10H；如果需要显示负号“－”，符值 11H。

例：10H，10H，03H，82H，00H，00H，00H，00H 显示为：“32.0000”。

3. Display8A：显示子程序（简单 I/O 的二片 74HC273 对数码管扫描）。

输入参数：SI 指向 8 字节显示缓冲区；如果需要显示小数点，8 位十六进制数的最高位为 1，如 80H；如果某位不需要显示，符值 10H；如果需要显示负号“－”，符值 11H。

4. GetBCDKey：接收一组压缩 BCD 码键值。

输入参数：DI 指向接收缓冲区；CX 接收键值数量；变量 F1＝0：先清除显示，再接收键输入；F1＝1：接收到第一个按键后，先清除原来显示的内容，再显示键值，（变量 F1 已在库文件中定义）。

```
例：        EXTRN     F1:BYTE          ;F1 已在库文件中定义
            …
            MOV       F1,0             ;先清除显示,再接收键输入
            LEA       DI,augend
            MOV       CX,4             ;按键次数
            CALL      GetBCDKey        ;得到双字节十进制数
```

5. GetKey：接收一组压缩十六进制键值。

输入参数：DI 指向接收缓冲区；CX 接收键值数量；变量 F1＝0：先清除显示，再接收键输入；F1＝1：接收到第一个按键后，先清除原来显示的内容，再显示键值

（变量 F1 已在库文件中定义）。

6. GetKeyA：接收一个十六进制键值，如果没有按键，立即返回。

输出：CY=0，没有按键；CY=1，AL 为键值。

7. GetKeyB：接收一个十六进制键值，如果没有按键，一直等待。

输出：AL 为键值。